21世纪广播电视专业实用教材
广播电视专业"十三五"规划教材

MICRO-VIDEO
CREATIVITY AND
PRODUCTION

微视频创意与制作

张　炜　朱竞娅　著

U0309927

中国传媒大学出版社

·北京·

序言
Preface

　　对于任何对制作电影或电视节目感兴趣的人来说，这本书是必不可少的。张炜教授以新颖的方式详细介绍了微视频制作的基本原理，他提供了你需要知道的一切：从如何将你的想法写入剧本，一直到后期制作完成。

　　对于从未拍过短片的人来说，这本书可能会改变你的生活。掌握任何技术都需要经验，张炜教授在这本书中分享了他过去二十年取得的成就和获得的经验。

　　对于已经制作过片子的人来说，你同样会发现这本书很有价值。因为它涵盖了视频制作的大量信息，为各种可能发生的情况提供了很多的建议，即使经验丰富的电影制片人也会从中获得一些启发，这些启发在实践中可能会改变他的职业生涯。

　　这本书还给人以很大的鼓励。张炜教授的语言和表达，就像灵感的引导之手。做任何复杂的工作，都很容易令人灰心丧气。制作电影需要丰富的经验。正如欧内斯特·海明威所说的那样：任何事物的初稿都是"粪便"。意思就是，初稿一般都是很糟糕的。了解了这一点，就会让你更自由、更放松一些。因为作为一名电影制作人，你已经明白：为了制作出色的作品，它需要许多尝试——许多剧本草稿、许多排练以及细节调整。这本书将给予你灵感和动力，可以激励你意志坚定并继续前进。

我很高兴能介绍这本书，我非常喜欢这个行业的任何人。祝一切顺利。

大卫·艾伯纳

（大卫·艾伯纳：好莱坞著名视觉特效大师，曾担任电影作品《后天》《2012》《爱丽丝梦游仙境》《特种部队之眼镜蛇的崛起》《西游记之大闹天宫》的后期特效总监、创意总监。至今参与拍摄了80多部电影作品，其中23部作品获得了奥斯卡金像奖。）

目 录

第一章 概 述

- 微视频的发展历史及现状
- 美国微视频产业内容创意与盈利模式

第一节　微视频的发展历史及现状

　　微视频是新媒体时代的产物。随着电信网、广播电视网、互联网三网融合时代的到来，在各种移动终端上随时随地点播、浏览、分享视频的行为早已司空见惯，尤其是对于年轻人而言，这些行为已成为其日常生活的重要组成部分。

　　微视频早期的发展可以追溯到微电影的兴起。任何事物都有其从萌芽到成熟的过程，微视频也不例外。互联网普及之后，各种微电影类的视频短片开始通过网络广泛传播并深受网友喜爱，比如"筷子兄弟"就拍摄过《你在哪里》等微视频，其表现方式诙谐搞笑、充满想象力、拥有极高的点击率。李阳的《李献计历险记》、宁浩的《奇迹世界》等短片也极具知名度。著名导演王小帅就曾将微电影描述为"改头换面的短片"。

　　2010年8月，中影集团联合优酷网、雪佛兰科鲁兹以"80后的青春"为主题，启动了"11度青春"系列电影活动，由11位新锐导演创作的10部网络短片

图1-1　宁浩导演的《奇迹世界》中，黄渤饰演江湖气颇重的小偷刘三

和 1 部院线长片组合而成。其中肖央执导的短片《老男孩》引起了网友的极大关注。该片由肖央和王太利组成的"筷子兄弟"主演，时长约 40 分钟，作品以鲜明的时代特征引发了 80 后的集体怀旧，一曲同名主题歌更是让无数 80 后观众潸然泪下。《老男孩》以其准确的情感表达成为微电影的经典之作，"筷子兄弟"也迅速走红。

同年 12 月，由中影集团联合凯迪拉克打造的广告短片《一触即发》发行。这是以推介凯迪拉克新款汽车为创作目的的广告，尽管片长只有 90 秒，但制作精良，充满悬念的故事情节和令人震撼的视听效果无不让观众惊叹其好莱坞大片的风范。在发布这一短片时，片方更是提出了"首部微电影"这一概念。

图 1-2　首部微电影《一触即发》中制作精良的宏大场面

随着新媒体传播环境的迅速发展，微电影被迅速关注、认可、接纳，并受到追捧。普通网民开始不断尝试制作，并且自从 2011 年由网易发起国内第一个微电影节以来，各种不同层次、不同规模的网络微电影大赛频繁举办，将这个当时比较新的概念在短时间内推向关注高峰。这些活动既有由视频媒体发起和主办的，如腾讯视频推出的"9 分钟电影大赛"，也有由地方媒体主办的，比如湖南卫视主办的"十八岁的选择"微电影大赛、由《南方日报》主办的"首届南方微电影大赛"，还有由学院机构主办的微电影大赛，比如由中国传媒大学、北京电影学院等主办的"中国首届大学生微电影节"，首都师范大学科德学院举办的每年一度的"国际大学生微电影盛典"等。很多规模和影响较大的电影节也开始增设微电影单元，比如第 21 届中国金鸡百花电影节就增加了首届"SEVEN DAYS 微电影大赛"，而由广告商及广告媒体举办的以商业为目的的微电影大赛更是数不胜数。

有一点需要说明的是，学界对"微电影"的命名屡有质疑。鉴于本书中涉及的作品类型众多，既有与电影艺术特点类似的剧情短片，又有纯粹以追求商业利润为目的的商业短片，还有新闻短视频和创意短视频，因此本书采用范围更为宽泛的"微视频"的提法，而不以过去约定俗成的"微电影"命名。

微视频的出现不仅有物质技术作为基础，同时也有新的媒介形态作为平台，更为重要的是它受当下的文化环境的影响。当下的文化环境一方面指新的媒体生态环境的形成，另一方面指视觉文化的主导，可将其称为新媒介时代的视觉文化环境。只有深刻理解当前的文化环境，才能真正认识微视频出现的必然性。要想深刻理解新媒体时代的视觉文化，需要从对视觉的认识开始，视觉文化是一个渐进发展的过程：从视觉到视觉艺术，从视觉艺术到视觉文化，再到当下新媒体时代的视觉文化发展。

1. 视觉

视觉与听觉、嗅觉、触觉、味觉一起构成了人类的感官，决定了人类的感性存在方式。与其他感官相比，视觉在所有感官中居主导地位。人们更倾向于将视觉与快感分离，强调视觉的认知功能，因为视觉是人类认知世界的第一步。视觉也是人类认知世界的主要来源，它认知世界的信息量和过程的复杂性都远远超过其他感官，视觉的这种优越性也就决定了人类对视觉的依赖和需求。

2. 视觉艺术

视觉艺术的出现正是源自人类对视觉的需求，没有视觉，视觉艺术也无从谈起。但是视觉艺术并不仅仅是刺激视觉感官的一种表现，它在将视觉形式进行传达的同时，也激发了人们的情感体验和对表象意义的理解，丰富了人们的感性经验。视觉是人们对世界的一种感觉方式，视觉艺术则是人们观察世界的方式的反应。

3. 视觉文化

如果说视觉是与生俱来的，视觉艺术自古有之，那么视觉文化的出现则带有现代色彩，视觉文化是在现代科学大发展、工业化生产扩张和消费社会形成的背景下出现的。最早提出视觉文化概念的是20世纪初的电影理论家贝拉·巴拉兹，他认为电影摄影机的出现使人们重新恢复了对视觉文化的关注，它不仅复制现实，还能给人传递思想，可以直达人的内心深处。当人们观看电影时，不仅是通过视觉形象来感受故事，更能够体验情感和思想。他曾预言：随着电影的出现，一种新的视觉文化将取代印刷文化。目前，视觉文化已经成为当代社会的主导文化，也已经成为现代文化的一种发展趋势，一个"世界图像时代"正在到来。在这个"景观社会"中，视觉文化渗透到了人们日常生活的方方面面，并产生着深刻的影响。

4. 新媒体时代的视觉文化

随着技术的发展，电信网、互联网和广播电视网三网融合，数字化技术带来了视觉文化的全新发展。视觉文化在当代新媒体环境下进一步发展，尤其是数字虚拟技术，它不仅将非视觉性的事物视觉化，还能够实现虚拟事物的视觉化。如果说机械复制时代的艺术引领了视觉文化的发展，新媒体时代的数字技术则将视觉文化推向了一个新的高度，再次改写了视觉感知体验。

总之，当代文化的视觉转向标志着视觉性在当代生活中所占据的主导地位。在视觉文化主导的当代社会中，世界被图像左右着，这是视觉艺术充分发展形成的文化大环境，微视频正是在这样的文化背景下出现的。

第二节　美国微视频产业内容创意与盈利模式

作为微视频的创意生产大国，美国微视频产业的内容创意与盈利模式值得我们借鉴。

根据美国联邦通信委员会 FCC（Federal Communications Commission）第 18 次年报中的一系列数据[①]，订阅有线电视的用户数量正在不断减少，有线电视的收视率正在下降。根据 eMaketer 数据[②]，2013 年美国成年人平均每天花费在手机、电脑等数字移动设备上的时间为 4 小时 40 分钟，首次超过花费在电视上的 4 小时 31 分钟。与此同时，美国微视频的产业规模呈现出鲜明的增长态势，互联网企业和电信企业的资本在源源不断地注入微视频领域，美国传媒产业格局中不可估量的变化正在发生。鉴于美国微视频技术和理念的不断更新及其市场规模的不断扩大，我

---

① FCC.18thAnnual Video Competition Report to Congress[R/OL]. (2017-01-17)[2019-02-05].https://docs.fcc.gov/public/ attachments/DA-17-71A1.pdf.

② eMarketer. Mobile Continues to Steal Share of US Adults' Daily Time Spent with Media [R/OL]. (2014-04-22)［2014-12-22］. http://www. emarketer com/Article/Mobile Continues Steal Share of US Adults Daily Time Spent with Media/1010782.

们对其内容创意方式和盈利模式进行研究，并对二者之间的相互关系进行分析就变得尤为重要。

一、美国微视频的内容创意分析

与传统的文字内容、语音消息和图片素材等信息表达方式相比，微视频包含的信息量更大。同时，由于移动互联平台、智能手机的广泛应用，以及移动端用户对社交功能的需求等原因，天然具备这些优势的微视频在移动互联网环境下备受瞩目。然而，真正能够在互联网平台上广泛传播的微视频，在内容设计方面，还是需要对用户的日常兴趣、时间需求、心理特点等方面有精准的把握。具体到美国的微视频产业，从制作者到传播者都对上述需求有着独到的理解。

（一）全方位激发用户的社交兴趣

在美国，移动互联网的社交功能越来越突出，新闻类微视频、纪实类微视频或是创意类微视频的社交属性也被极大地挖掘出来。

1. 借助 IP 内容提升社交黏合度

IP（知识产权，Intellectual Property）指作品内容，或作品的改编源头。IP 具有明确的内容认知，有现象级的传播势能，且粉丝基础非常强大，一旦上线就会呈现病毒式的传播效应，因此借助 IP 内容进行微视频创作和传播的媒体平台往往能取得十分显著的传播效果。微视频借助 IP 的强大影响力和受众流量的强大聚合力，很容易产生社群效应，让用户就 IP 内容在社群中进行讨论、交流、打赏，能使用户产生社交乐趣，增加社交吸引力和黏合度，创造用户群体针对这一话题的广泛共鸣。例如曾经在 Facebook（脸书）上疯传的康恩都乐超级碗微视频就属于典型的内容原生视频。在美国橄榄球超级碗比赛的中场休息期间，康恩都乐投放了这条微视频广告，讲述了都乐的"咖啡队"如何打败"奶昔队"的过程，微视频本身就是一个有趣的搞笑视频，这一视频最终被美国用户在 Facebook 上广泛传播，引起了不小的轰动，传播效果惊人。

2. 借助 UGC 内容发掘微视频的社交原动力

美国微视频领域分为 PGC 和 UGC 两类内容生产模式：PGC 指专业生产视频内容，UGC 指用户生产视频内容。PGC 基本沿用一个或多个专业制作团队进行产品生产，UGC 则是利用视频产品的原创动力，由用户提供多元化同时具有创新性的视频产品。[①] 由于

---

① 栾萌飞，薛可.基于 5W 模式的短视频新闻传播特征研究［J］.新闻研究导刊，2016（7）.

PGC 的专业性，在某种程度上会产出画面质量、音频效果等更加优质的内容，然而在新闻类、纪实类微视频领域，特别是新闻类视频方面，UGC 更具有成长性。相对而言，UGC 内容更具有传播能力，它非常符合美国人的思维方式，美国人的原创能力足够强大，由用户直接产生的内容很容易引发社交兴趣，满足用户求知的欲望，产生群体效应。

2005 年，YouTube（优兔）成立，一上线就有 UGC 的基因，在社交网站兴起前，网络视频渠道就是 YouTube 一家独大。2010 年开始，智能手机进入普及阶段，视频内容供给呈爆发式增长态势。如果以每分钟上传视频时长来衡量美国 UGC 的产能，可以发现以 2010 年为拐点有个明显的加速。

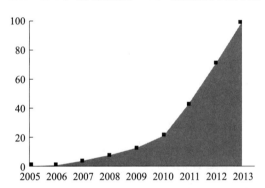

2005—2013年每分钟上传到YouTube视频的总时长(小时)

图 1-3 美国 UGC 视频集中在 YouTube，2005 年起跑，2010 年随智能手机普及加速[①]

针对 UGC 内容的广泛吸引力，很多网站或移动平台都开始利用用户生产的微视频内容来增强社交的频度、广度和深度，而在微视频领域的专业媒体制作机构也开始将个人工作室、记者媒体人以及日常用户等都列入微视频的生产团队当中，可见 UGC 所具有的社交动力是非常大的。

例如，可口可乐 Facebook 粉丝页面是可口可乐公司在社交媒体上使用 UGC 内容的成功范例。可口可乐公司组织客户分享与可口可乐有关的真实故事，并开始发布有趣的视频和其他内容，粉丝页面很快就赢得了很多粉丝，而且充满了有趣的用户生成内容。这些内容是由不同的客户创造的，而不是专业的营销人员提供的，由此增加了对品牌页面的吸引力。

此外，一个名为 *The Man Your Man Could Smell Like*（《你的男人能闻到的味道》）的微视频也体现了 UGC 内容强大的社交原动力。严格地说，这个微视频并不是纯粹

---

① 资料来源：YouTube 网站。

的 UGC，因为视频不是由顾客创造的，但在 Twitter（推特）、Facebook 和其他社交媒体上，有很多网友发表了针对该视频的个人评论视频，而由用户制造的 *The Man Your Man Could Smell Like* 视频一发布，也让老香料（old spice）这一包含沐浴露、须后水和止汗露产品的品牌在 Twitter 账户上的追随者两天内增加了 2 700%，官方网站的浏览量增长了 300%。在这个例子当中，用户成为活跃的视频制作群体，他们在制作并发布有趣的评论视频的同时，也提升了原版视频和制作团队的影响力。

（二）充分占据用户的碎片化时间

截至 2016 年 6 月，美国移动互联网用户规模达 6.56 亿人，较 2015 年年底增加 3 656 万人。移动用户中使用手机（移动客户端）上网的人群比例由 2015 年年底的 90.1% 提高到了 92.5%。由于使用手机上网的人越来越多，用户时间碎片化的趋势也越来越明显，在人们等候出租车、等待飞机起飞、等待结账等碎片时间里，微视频有着很大的传播空间。

纵观全球微视频行业的领导者，不论是 YouTube 还是 Facebook，或视频时长限定在 200 秒以内的 Snapchat 等，各大海外平台上的视频正在不断变短。在 YouTube 平台上的两亿多个视频中，时长在 200 秒以内的视频占比为 55%；在 Facebook 上更是高达 91%，Twitter 这一比例是 88%，而 Instagram 对视频的时长限制就是 1 分钟。

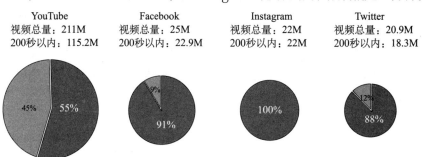

图 1-4　在 Youtube，Facebook，Instagram，Twitter 平台上微视频总量中 200 秒以内的视频所占比例[①]

相比时长在 5 分钟以上的视频，微视频爆点集中、单位时间内感官冲击力强，具有更高的观赏性和更好的变现能力，因此这一形态也就成了移动端视频的主流。

根据艾瑞咨询《2012 年网络微视频营销价值研究》提供的数据，视频已经是用户数量最多、用户使用时间最长的互联网应用，而微视频的观看次数已经超过

---

① 资料来源：微视榜，http://weibo.com/videoup?is-all=1。

了影视剧等长视频，占据了一半以上的市场份额。艾瑞咨询指出，微视频播放时长短，但因其数量繁多、内容丰富，能够产生较高的浏览页面数，页面数份额占比超过 50%。

根据 eMarketer 最新发布的数据，超过半数的平板电脑用户通过观看视频来获取信息，而微视频比长视频更受平板用户欢迎。其中，新闻性和娱乐性的微视频最受平板用户青睐，64% 的受访者选择定期观看类似内容。

显然，由于播放时间短，传统视频内容的叙事法已无法适应网络用户移动化、碎片化的接受情境。根据 Socialbakers 对用户在 Facebook 观看视频的完整度调查（即用户从头至尾完整地看完一部微视频），观看完成率排名前 25% 的视频，其长度均不超过 21 秒；20% 的用户会在观看视频前 10 秒后离开，33% 的用户会在 30 秒左右离开，45% 的用户会在 1 分钟后离开。[①] 由此可见，在移动互联网设置的接受情境下，生产者仅仅做好内容的呈现是远远不够的，还必须从内容导向转向体验导向。率先体现这种导向的就是瀑布流型布局。瀑布流型布局最早应用于美国一家流行的图片社交媒体"拼趣"（Pinterest），其基本格局是：所有的内容像瀑布一样自上而下排列，用户在观看内容时不需要翻页，仅通过下拉就可以不断发现新的内容。近年来，在视频新闻领域，瀑布流模式已被许多国外网络媒体采用，例如 Facebook、Twitter、Instagram、Buzzfeed、Newsy 等。

除了对布局的精准把握外，美国专业的微视频生产者在用户碎片化的时间里提供何种内容方面也有着准确的把握。例如在新闻微视频方面，从选题角度来看，网络微视频新闻正从"大而全"转向"小而精"，即在选题上由从整体入手转向从单一角度切入、深入挖掘新闻事件某一方面的意义。摒弃"大叙事"思路，偏重于直击现场，来自现场的手机录制的短短几分钟甚至几十秒的视频素材，经平台的简单处理即直接作为新闻内容呈现在平台上。例如 CNN（美国有线电视新闻网）发布在 Facebook 上的章莹颖事件的视频新闻，记者利用移动拍摄的视频让观众快速感受到现场气氛，该视频也在短短 10 小时之内获得了 23.6 万次浏览、1 193 条评论。[②]

美国微视频新闻选题角度"小"，除了体现在切入角度上，更体现在对选题本身的创新上。与传统视频新闻相比，微视频新闻受媒介平台限制较小，接受情境亦

---

① MARTIN. What you can learn from short form video[EB/OL].(2018-06-11)[2019-02-04]. http: //www. econtentmag.com/Articles/News/News-Feature/What_You_Can_Learn_from_Short_Video_100141.htm.

② 常江，徐帅. 短视频新闻：从事实导向到体验导向 [J]. 青年记者，2017（7）.

较为私人化，因此可以选择更有趣、更有创意的主题进行报道。各大微视频平台要么借助某些极具视觉冲击力的同步视频场景进行病毒式传播，要么借助实用性很强的视频（像如何护理宠物、如何插花等）让有专门需求的用户之间可以进行交流。由此可以看出，单个用户碎片化的时间对微视频来说恰恰是最好的传播空间，而制作最适合碎片化时间传播的微视频题材和内容正是美国微视频制作人的过人之处。

图 1-5　CNN 发布在 Facebook 上有关章莹颖事件的视频新闻

例如，2017 年，NBC（美国全国广播公司）推出"左岸"（Left Field）平台，专门负责制作微视频新闻，发布在其 Facebook、Instagram、YouTube 等平台的账户上。其官网如是陈述平台的宗旨："我们是一个全新的国际化视频团队，专门为社交媒体和机顶盒用户设计短小而有创意的纪录片和微视频。我们的团队旨在发掘故事，并将创意生活变成新闻头条。"[①]

（三）利用智能技术开发用户新需求

微视频要在移动互联网社交化的背景下充分挖掘用户想要的（want）和需要的（need）。用户想要的东西，很多时候只是随机的，是为了满足对另一个自我的想象；用户需要的东西才是其真正愿意为之付费的，它是用户真实自我的刚需。同时，刚需并不是一成不变的，它可以被挖掘、被引导、被定义。借助智能技术开发用户刚需也是美国微视频的独特之处。

---

① 袁舒婕. NBC 再次出击数字视频 [N/OL]. （2017-06-21）[2019-02-07], http://data.chinaxwcb.com/epaper2017/epaper/d6530/d7b/201706/78835.html

1. 无人机拍摄

将无人机拍摄应用到新闻报道、娱乐传媒、生命搜救、能源开采等领域，可以把很多素材从难得一见变得可以面向用户。利用无人机进行航拍能够冲出传统新闻采集工作在空间范围上的束缚，特别是在那些不宜人员行走的地域和一些艰险的情况下，利用无人机拍摄能给观众和用户提供优质的现场画面。

在美国，CNN（美国有线电视新闻网）、Getty①、Gannett（甘尼特）、NBC Universal（NBC 环球）、美联社、《纽约时报》《华盛顿邮报》等多家新闻机构陆续宣称，将使用无人机采集新闻素材。无人机在美学上的优势更加明显，在空中拍摄的视频画面给受众带来的新视角是传统的拍摄方式无法做到的。无人机可能会替代传统电影摄影技术中人工的移动摄影、跟拍和升降镜头。美国公司 Queen B Robotics 更是推出了一款全新的无人机产品——Exo 360。这是全世界第一台可以拍摄 360 度全景 4K 视频的无人机产品，该产品最突出的特点在于它可以配合 VR 头显使用，为我们带来不一样的 360 度全景上帝视角。由此可见，通过无人机拍摄制作的新闻类微视频可以更好地满足用户的视觉需求，甚至在重大事件新闻报道方面，无人机拍摄的新闻微视频可以成为用户全方位了解事件进展的必需品。

2016 年 8 月 29 日，由美国联邦航空管理局（FAA）发布的管理小型无人飞行器（UAS）即无人机使用的新法规生效。② 对于无人机使用过程中的监管、法律权限等边界问题也会出台相应的制度约束，但在做好制度监管和进一步推进低空空域管控的情况下，由无人机拍摄的新闻微视频还有很大的发展空间。

2. 智能穿戴设备应用

借助健康追踪器、智能手表、智能眼镜或 VR 头显等智能穿戴设备创作的微视频也逐渐在普及。如 VR 虚拟现实技术就以全景式、沉浸式的表现形式，在时空构建、屏幕介质、主观感受和互动方式上相较传统视频都发生了巨大的变化，并将人们从手机屏幕拉向智能穿戴式显示设备。用户一旦适应了 VR 技术的微视频，很快便会产生收看需求。由智能手表、健康追踪器等可穿戴设备制作的微视频也逐步出现，这些设备在技术上采用实体按钮＋全屏式图标，实现了对智能眼镜的人性化交互控制。这些微视频呈现给用户的不单是硬件设备的更新，更是通过软件支持以及

---

① Getty 即 Getty Images，1995 年成立于美国西雅图，在线提供数字媒体管理工具以及创意类图片、编辑类图片、影视素材和音乐产品。

② 吴万伟，海普沃斯. 美国记者使用无人机的新法规［J］. 青年记者，2016（31）.

数据交互、云端交互来实现的强大功能。在拍摄过程中如何进行技术更新，使拍摄的视频能在可穿戴设备上流畅播放，是值得我们深入探索的。

2012年5月，谷歌首次公开展示了谷歌眼镜如何用于拍摄视频。该眼镜可以拍摄照片并录制720p高清视频，许多开发商和公司已经为谷歌眼镜建立了应用程序，包括新闻应用程序、面部识别、运动、照片处理、翻译和分享到社交网络，如Facebook和Twitter。

除了谷歌眼镜，还有Spectacles，这是由SnapChat公司推出的一款智能眼镜，它是一副太阳镜，但它同时也是一款装有摄像头的时尚太阳镜，能够录制10秒的广角视频，用户可以在SnapChat上与好友分享视频，不需要数据支持。用户在开启蓝牙后，Spectacles眼镜拍摄的微视频会自动同步到SnapChat账户上，而拍摄过程也几乎是傻瓜式操作。Spectacles眼镜盒还有自动充电功能，如果眼镜盒电量不足了，连接数据线即可充电。

此外，OKAA双眼全景相机等全景VR采集设备的推出，也降低了虚拟现实的内容制作和消费的门槛，极大地改善了虚拟现实内容素材的短板。普通消费者也可以一键记录自己的生活，拍摄属于自己的全景VR微视频作品，还可以通过社交网站与朋友分享。

二、美国微视频的盈利模式分析

目前，Hulu、Netflix、Amazon Instant Video是美国市场份额最大的三家网络视频公司，它们分别形成了广告主付费、用户付费加入会员、单次付费收看以及与新技术跨界整合提供增值服务的盈利模式。此外，鉴于微视频能在突发事件首发、现场报道取证、媒介产品创新、企业品牌宣传、品牌活动拓展以及多元媒体融合方面与新闻报道紧密结合，构建新的信息传播格局，资本开始进入微视频传播领域，使其愈发平台化和规模化，美国微视频产业的盈利模式正在趋于成熟和多元化。

（一）搭建用户与广告的积极关系，完善广告主付费的盈利模式

在移动互联网高速发展、新媒体平台不断产生、媒体和技术深度融合的态势下，受众对微视频的消费需求不断升温，也因此带来了全球视频广告市场的急速增长。根据国际数据公司IDC（International Data Corporation）对全球视频行业市场的调研，视频广告投入在2009年达到了22亿美元，进入2013年达到了113

亿美元，到 2017 年，全球互联网广告费用已达 2 050 亿美元。[①]

由 NBC（美国国家广播公司）、FOX（福克斯公司）、ABC（美国广播公司）共同投资创建的视频网站 Hulu 就是广告主付费这一盈利模式的代表。值得一提的是，Hulu 充分注意到了用户的时间需求和参与性需求，它通过对广告时间和广告内容精准的控制来实现广告收益。例如，用户可以选择广告在何时出现——在观看视频过程中穿插广告或者在视频播放前一次性观看一段广告。用户可以根据个人喜好来选择不同的广告种类，每部剧都有独家广告商，个性化的广告满足了不同的用户需求，使广告的价值达到最大化。用户可以给广告评分，投票参与广告播放期间的趣味性游戏，降低了强迫用户看广告带来的抵触情绪，变成了用户主动去看广告、与广告互动。[②] 值得一提的是，Hulu 的大部分技术开发是在北京完成的，尽管没能进入中国市场，但 Hulu 却在北京设立了技术研发中心，聘请了华裔首席技术官艾瑞克·冯，利用中国相对低廉的人力成本，北京的研发中心能够与北美的基地互相配合，全天候运转，更迅速地满足用户的需求。

再者，Hulu 也强调为广告商提供更有针对性的、更有效的宣传，通过让用户自主选择他们感兴趣的广告，Hulu 能帮助广告商更精准地到达目标消费者，根据尼尔森的研究，Hulu 这种方式的广告有效度是传统电视广告有效度的两倍。而 Hulu 对用户体验的强调也让用户更容易接受广告，此外，Hulu 也能基于用户的使用情况为广告商提供调研信息，为用户提供匹配度更高的广告。这些特色加上高质量的内容，形成了对广告商的强大吸引力，Hulu 也因此赢得了较其他视频网站更多的网络广告商。据 2010 年 10 月的数据，Hulu 的用户数达到了 3 000 万人，他们在该月观看了 2.6 亿次视频，其中包括 8 亿次的广告。用户每收看半小时节目为 Hulu 贡献的广告收益为 0.143 美元，而且呈现出逐渐增长的势头，到 2010 年第四季度，这一数据达到了 0.185 美元，与观众观看传统电视每半小时产生的 0.216 美元广告收益相比，已相差不多。虽然 Hulu 的访问量只有 YouTube 的 1/20 左右，但却创造了较后者更好的经济效益，据统计，2010 年 Hulu 的收入达到了 2.63 亿美元，较 2009 年的 1.08 亿美元实现了大幅增长。值得一提的是，Hulu 并不是以固定价格向广告商出售广告位置，也不是按固定价格向内容提供商支付内容成本，而是按照每月每个广告或节目的观

① 李冰. 美国在线视频产业发展现状研究 [J]. 现代传播, 2015 (6).
② 刘柳. 移动社交背景下的短视频新闻跨平台传播策略探析——以美国NOW THIS 为例 [J]. 东南传播, 2016 (12).

看次数同广告商及内容供应商结算，这种按效计价的分配方案受到了广告商和内容商的热烈欢迎。

总之，在为用户提供精准化服务的前提下，微视频内容能够吸引用户在社交平台上自主传播，达到商业宣传的效果，这是微视频带来的双赢效应：既确保投放的目标受众有良好的体验，同时又获得品牌认同和营销收入。这种在品牌宣传中进行360度"植入"社交认同的设计，让用户对商业宣传有相当程度的认同，且容易最终形成有效的购买行为。

（二）借助用户的社交需求，实现用户付费的盈利模式

在用户付费的盈利模式中，出品了《纸牌屋》《发展受阻》《铁杉树丛》《女子监狱》等热播美剧的 Netflix（网飞）最为成功。它开创了电视剧制作、发行、播放为一体的全新商业模式。它通过对目标会员的有效吸引，最大限度地实现了会费收益。Netflix 表现出的优势有：便宜，月费降低至 10 美元以下，因而用户需求量更大；跨平台，电视、PC、Wii、PlayStation、Xbox 等平台之间互联，用户个性化设置随账户而走，换个平台同样可以从之前的记忆点开始播放；自制内容（Netflix Originals），从内容上创新，在内容的独家性上深度布局。Netflix 利用其平台上大量的优质微视频内容及用户对微视频的社交兴趣，将其传播优势发挥到了极致，即内容优质的微视频吸引用户对平台形成使用黏性。与此同时，用户分享自己喜欢的视频，对平台进行二次宣传，吸引同类用户使用平台，增加平台上的用户流量，这样既提升了会员购买量或付费能力，又将传统媒体盈利模式移动化。①

（三）跨界整合各项技术，形成新的商业价值

在为用户提供衍生服务方面，微视频除了线上为用户提供视觉需求之外，也可以跨界整合其他技术，将用户进行细分，深入开发用户的衍生需求，提供多元化的增值服务。例如，Amazon（亚马逊）美国会员的每年费用达到了 99 美元，它将流媒体视频点播、流媒体音乐和 Kindle 电子书借阅等技术作为服务一起打包提供，使得用户数快速增长，并逐渐开始盈利。Amazon Prime（亚马逊金牌服务）的捆绑销售策略，展现出拥有强大技术支持的电商入主网络视频领域可能带来的利润垄断趋势。此外，微视频还和 VR 等虚拟技术结合，利用用户选择的地图位置、拍摄滤镜、表情道具等服务打造出家居、度假、休闲时光等虚拟场景，来提升与现实场景的黏合度。在这些场

① 刘柳.移动社交背景下的短视频新闻跨平台传播策略探析——以美国NOW THIS为例［J］.东南传播，2016（12）.

景标签的匹配过程中就发展出了售卖游戏商品、结婚纪念品、旅游产品等向用户提供增值服务的商业模式。

与直播技术相融合，共同开发商业价值，也是美国微视频重要的盈利模式。例如，美联社在面对网络用户移动化转型过程中，不仅在技术方面应用了机器人写作技术，而且在视频方面应用了微视频与直播技术相融合的方式。[①] 运用 Live U 技术，可以把现场实时拍摄的素材和机器人进行采编的过程在流媒体上直播，用户通过自己的手机就可以看到新闻的最新动态，这种方式增加了新闻报道对用户的吸引力，提高了用户的使用黏性。

（四）平台化、专业化运营，实现内容价值的稳定变现

美国 MCN（Multi-Channel Network）是一种多频道网络的产品形态，它将 PGC 内容关联起来，在资本的有力支持下保障内容持续输出。MCN 也可以理解为有专业制作、管理、推广、销售甚至投资能力的机构，类似于国内的演艺经纪公司。MCN 凭自身资源与内容生产方签约并获取股权收益，同时以内容集团的形态整合所有资源并借助强大的第三方视频平台实现商业的稳定变现。对于广告主来说，MCN 可以连接成千上万甚至数十万的网红 / 内容制作者，坐拥数千万订阅用户和粉丝，月均视频浏览量动辄破亿，甚至达到百亿之巨，MCN 俨然已成为内容 / 媒介代理领域的一股新势力。对于媒体平台来说，MCN 也是不可忽视的内容仓库。2014 年，Facebook 就开始拉拢一些从 YouTube 起家的 MCN，希望它们把优质的视频内容直接上传到 Facebook，而不仅仅是分享一条 YouTube 的视频链接。阿里也已经高调宣布，土豆出资 20 亿元，吸引 MCN 入场，专注于优质内容的生产。另外，一些传统媒体、内容制作公司正在将 MCN 当成进军互联网、抢占移动端、吸引年轻观众的跳板。探索频道早前就宣布将在亚洲地区与两家 MCN 展开合作，推动网络内容的制作与分发。

值得一提的是，MCN 也可以理解为美国的网红孵化系统。迪士尼以 5 亿美元的价格收购了 YouTube 上拥有 4 亿订阅用户的 Maker Studios，被业界称为 MCN 内容制造孵化商业模式的一大成功，此外在美国杂志 *Variety*（综艺）推出的明星影响力排行榜上，自 2014 年起，排名前五的竟全部都是传统媒体中闻所未闻的网红创作人[②]，这也可以理解为平台化运营的一大成功。

---

① 严小芳.移动短视频的传播特性和媒体机遇［J］.东南传播，2016（2）.

② 资料来源：美国杂志 *Variety* 推出的明星影响力排行榜。

三、美国微视频的创意特点与盈利模式对中国相关产业发展的启示

与美国微视频产业现状相比,中国的微视频产业同样处在飞速变化的阶段。2017 年 1 月 22 日下午,中国互联网络信息中心(CNNIC)在京发布的第 39 次《中国互联网络发展状况统计报告》显示,截至 2016 年 12 月,中国网民规模达 7.31 亿人。与 2014 年 6 月的 6.32 亿人比较,增长了将近 1 亿人。[①] 对于中国的传统媒体而言,在转型发展的过程中可以借助微视频这一形式,利用其特有的数据承载、同步报道功能,以及其更透彻的交互性,推动自身的升级迭代。

面对微视频产业的发展,优酷、土豆、腾讯、微博、美拍、秒拍等内容提供平台,同样不能忽视内容精准与用户互动这两大主题,也不能忽视尖端技术的应用与不断创新。而对于国内的网络直播平台,在微视频与直播融合发展的过程中诞生出来的不能仅仅是目前国内大肆盛行的"锥子脸+微商",及其浅显的"吸睛"和"吸金"方式,网络直播应该是在社交电商和粉丝经济共同的作用下发展起来的原创产业,做精品、做精准/精确的内容才是关键所在。

在移动互联网高速普及、移动终端技术可以迅速进入市场并得到广泛应用的时代,微视频无论是在内容创作还是在商业盈利模式上,都应做到把握用户的需求,将用户想要的与用户真正需要的内容相互结合,将市场变化进行实时性的细分,从而创造出用户喜欢、投资者获利、平台获益,同时在人类文明进化过程中有启示意义的产品形式。

---

① 资料来源:第 39 次《中国互联网络发展状况统计报告》,http://www.cnnic.cn/gywm/xwzx/rdxw/20172017/201701/t20170122_66448.htm。

第二章　微视频的定义及分类

■　微视频的定义及特点

■　微视频的分类

第一节　微视频的定义及特点

尽管微视频从萌芽状态发展到无处不在仅用了不过数年时间，但业界与学界对其仍然没有统一的理论界定，甚至连称呼也是五花八门，如：短片、微电影、微视频等，不一而足。顾名思义，微视频之"微"是针对其体量而言的，指其时长较短，而视频则是借助于数字技术和新媒体来制作并传播的。因此，简而言之，微视频就是以数字影像技术来制作，通过新媒体来传播，内容广泛、形式多样、篇幅较小的视频短片，微电影、纪录短片、DV 短片、广告片段等都可包含在内。

一、微视频的特点、制作与传播方式

1. 微时长

微视频的时长并没有统一的具体限定，但一般不会超过 30 分钟，较短的作品更是仅有数秒。本书以为，严格意义上的微视频时长不应超过 5 分钟。

体量的微小是微视频迅速走红的重要因素之一。当今时代，快节奏的生活将人们的时间切割得越来越零散，人们很难再将注意力长时间集中在某一件事物上。在这样的背景下，人们需要一些新的消遣方式去填充工作间隙、上班途中等日常生活中大量的碎片化时间。微视频正是这种能够满足人们精神需求的新的文化形式，即使是在短暂的碎片时间里，人们依然可以随时随地自娱自乐。比如奠定了微电影基础地位的广告短片《一触即发》，讲述了男女主人公为了顺利交易密码箱，不得不与神秘黑衣人展开分秒必争的殊死搏斗，最终化险为夷，顺利完成目标的故事。好莱坞大片的叙事风格、扑朔迷离的故事情节和紧张刺激的镜头都是在只有短短 90 秒的时间内完成的。可以认为，微视频是让观众度过碎片化时间的绝佳媒介，它在时间维度上重构了受众的生活。

2. 微制作

相对于大规模的影视作品而言，微视频虽然体量偏小，却仍然要在短时间内表达完整的内容，这就要求微视频的内容要高度凝练。与此同时，微视频难以展现错综复杂的人际关系和多条线索，在承载厚重文化、历史主题方面略显不足，但这些特点也使其摆脱了很多条条框框的限制，令其更易于开创自己的风格。更重要的是，体量上的短小能够大大降低制作成本，不需要庞大的制作团队，在拍摄设备、资金、团队、流程等方面的要求都相对较低，尤其适合影视专业的学生进行专业练习和非专业人员的个体创作。

3. 微投入

影视业是典型的高投入高产出行业，数目庞大的资金投入往往会把普通作者拒之门外。但便捷的小型器材与小规模团队却决定了微视频通常并不需要数额巨大的资金投入。而且微视频的传播平台一般是以互联网为主，如各大视频网站、新媒体移动终端等，用户可以随时随地上传，不需要任何投放费用。因此，制作微视频的费用几乎是人人都能负担得起的。

即使像《一触即发》这样制作精良的微视频作品所需要的资金投入相对较多，但是与真正的大规模影视作品相比，这些投入依然相对较少。微视频创作群体多以草根网民为主，大投入的制作少之又少。

4. 微平台

微视频的传播渠道丰富多样，但总体而言，它是以移动终端为主的新媒体，而不是传统院线和电视台。

随着科学技术的发展，智能手机、移动电视、掌上电脑等新型移动终端已经成为日常生活随处可见的必需品。尤其是目前智能手机的传输速度有了很大提高，4G基本能够满足使用者无缓冲看视频的需求，因此移动终端越来越成为微电影播出的主要阵地。另外，由于数字媒体的互动功能，使传播者和受众能进行实时通信及信息交换，使反馈变得轻而易举。这样的传输环境为微视频提供了良好的发展契机：一方面，受众可以利用碎片化时间使用便捷的移动媒体观看微视频，满足了其休闲娱乐的需求；另一方面，受众的态度和观点能及时反馈给播放平台，播放平台就可以根据受众的反馈进行及时调整。这种移动性和互动化的"微平台"使得微视频日渐成为真正融入受众生活的艺术形式。

二、微视频的属性

微视频不仅是一种艺术作品，还是一种文化商品，这决定了它兼具商业性与技术性的双重属性。而科技的发展为微视频的产生与壮大提供了决定性的技术支持，因此技术性也是其先天的重要属性之一。

1. 商业性

在微视频起步阶段，商业就发挥着重要的作用，比如具有奠基作用的《一触即发》就是凯迪拉克的商业广告。在产业化时代，商业诉求更是无孔不入地渗透到了网络微视频生产过程的每一个环节中。

创作者通常期望通过作品的高点击率一举成名，以吸引与投资方合作的机会；网站为了达到通过提高点击率最终实现盈利的终极目的，确立了从消费终端入手的内容评价体系，潜移默化地构建着微视频的创作模式；广告商则利用微视频制作灵活快捷的优势，将广告与微视频的内容深度融合。

2. 艺术性

作为一种艺术形态，对艺术性的追求是微视频的基础属性。无论商业的风筝飞得多高，都不能脱离艺术性这根线，微视频也只有充分体现出艺术的属性，才能实现其商业诉求。这就需要微视频既要承载一定的思想文化内涵，满足人们精神交流和审美的需要，又要在创作过程中注重艺术化的叙事策略、艺术化的视觉呈现以及艺术化的情感表达。

商业性与艺术性的结合是微视频作为文化产品的显著特征。只有在二者之间找到最佳平衡点，才能实现艺术与市场的双重发展。过于艺术性的微视频有可能因为市场性的薄弱难以被消费者接触或认可，无法在激烈的市场竞争中立足；但一味追逐商业利润也会导致微视频艺术性的消减，从而使其失去欣赏价值。

3. 技术性

技术的进步是微视频产生与发展乃至繁荣的物质前提。没有便携、简单的相关摄制设备，微视频就不可能产生与普及。正是由于科技的发展，常规的摄影器材、数码相机甚至手机都能够成为微视频的制作工具，尤其是近年来智能手机的普及，更是几乎完全突破了微视频拍摄制作的门槛。不仅微视频拍摄、剪辑、配音、包装、发布等每一个环节都可以通过智能手机完成，更重要的是，由于器材的便捷性与后期制作技术更易于掌握，大大缩短了其制作周期，即使是非专业人员也可以通过简单学习就掌握相关技巧，他们利用日常生活中的碎片时间就能够在短时间内完成一部作品。这就使微视频创作不再是影视专业人员或影视爱好者的专利，而是成为普通百姓的一种生活方式，民间视点和个体表达在微视频领域中越来越得以彰显。

第二节　微视频的分类

　　微视频虽然起步较晚，但发展迅速，已经拥有了庞大的创作队伍与作品规模，将其进行类型化的界定有利于微视频创作的规范化及其质量的提高，有利于我们探索出更多与商业结合的盈利模式和方法，进一步促进微电影创作市场的繁荣。

　　笔者认为，根据创作内容与表现手法的不同，微视频可以分为三大类：剧情类、纪实类与实验类。

　　剧情类作品以故事展示为主，具有虚构性的特点。此类微视频是内容最丰富的类别，因其更适应受众的审美心理需求，对受众的吸引力更强，故而与商业的结合也更为紧密，而商业对剧情类微视频的繁荣发展也起到了积极的推动作用。因此，剧情类微视频的类型化也相对更加成熟。

　　纪实类作品是运用纪实手法对人物的生存状态、事件的来龙去脉进行再现与表现的视频短片。相对较短的时长决定了纪实类微视频作品无法像纪录片那样具备完整的表现开端、发展、高潮和结尾，只能表现一个过程或者段落，但即便如此，其中也应当具有适当的情节、少量的人物、凝练的故事以及细节的展现。传统纪录片的社会功能通常表现在认知、宣教、商业和娱乐四个方面，尤其是前两者更是突出的重点，但是纪实类微视频与之不同，而是更加重视商业和娱乐的功能。在表达内容和形式上也更加丰富自由，受到的约束更小。

　　实验类作品彻底摒弃了商业盈利的目的，强调个性化的主观表达，在内容和形式上都具有非理性、超现实、反叙事的特点，秉持非主流、前卫的态度，风格往往较为抽象、怪诞。潜意识、意识流、梦境等是此类作品常用的表现手法，并多具有反叙事特点以吸引观众关注的内心体验。

　　目前，微视频的类型化仍不成熟，但它与商业的密切关系注定其向类型化发展是不可逾越的必经之路，类型化微视频是成熟的微视频产业链与商业模式优化需求之下的必然产物。

下面将针对纪实类微视频和剧情类微视频进行重点分析。

一、纪实类微视频

作为微视频的一种形态，纪实类微视频具有微视频的审美特性，同时又继承了纪录片创作的传统，是专门运用在各种新媒体平台上播放的、适合在移动状态和短时休闲状态下观看的视频短片，内容融合了幽默搞怪、时尚潮流、公益教育、商业定制等主题，可以单独成篇，也可以系列成剧。

作为微视频的一个种类，纪实类微视频在对真实性的探求上继承了纪录片真实性的传统。当然，纪实类微视频既可以是一种纪录真实，也可以是一种新闻真实。纪录真实和新闻真实有着许多共同点，如内容的真实性是第一位的真实，事件的时间、地点、人物、事件、原因、过程必须真实准确，事物的发展变化以及与其他事物之间的联系必须真实，情节的描述、人物的语言必须真实，等等。总之，事件的描述要合乎客观事实本身的逻辑。但是，两者又有着明显的区别：纪录真实是在一个统一的主题下对纪录影像进行有序的组合，从而传递其观点，而新闻真实则更多关注事件本身的真相，以达到引起观众兴趣的目的。纪录真实可以融合情感和情理，投入创作者的情感，在客观真实的原始素材的基础上进行叙事，而新闻真实却不宜这样。

纪实类微视频的独特之处在于它既可以是新闻类微视频，强调素材的原生态，也可以以真实自然素材为基础进行选择，体现创作者的主观意向，表达作者的主观态度。

二、剧情类微视频

剧情类微视频以故事展示为主要内容，具有虚构性的特点。此类微视频是发展最丰富的类别，因其更适应观众的审美心理需求，对受众的吸引力更强，故而与商业的结合也更为紧密。而商业目的对剧情类微视频的繁荣发展也起到了积极的推动作用。剧情类微视频的类型化也相对更成熟，可以根据内容的不同划分为爱情片、成长片、家庭片、惊悚片、喜剧片、科幻片、警匪片、武侠片、音乐片等。

尽管微视频从产生至今不过数年时间，但俨然已经成为新的商业掘金点与满足人们休闲娱乐的新方式。随着微视频创作的繁荣发展，种类样式也越来越多。各种学术著作与教材中的分类标准也不尽相同。目前，根据微视频创作目的的不同，可以将其分为四大类：

1. 广告营销微视频

这类微视频的创作目的是为了实现产品的推广营销，通常由企业方、运营商等出资和策划，与播放平台合作来招募创作人员。此类微视频的剧情设计一般植入品牌的营销理念、产品形象和功能作用等，使受众在观赏微视频的同时接触并认可企业的品牌理念或产品的形象功能等，从而扩大产品或品牌的影响力和认可度，达到提升其商业价值的目的。

在我们的日常生活中，广告无处不在，要想从中脱颖而出并实现理想的商业效果，必须使用更加喜闻乐见的方式。微视频把动人的故事情节、精彩的视听效果与产品的形象或理念巧妙地结合起来，更灵活，也更容易被受众接受，不会产生拒绝或排斥的心理。而且，微视频比传统广告的针对性更强，受众通常是具有较强购买力的年轻人。益达木糖醇的"酸甜苦辣"系列、七喜的"穿越"系列等都是人们耳熟能详的微视频广告。这些灵活、有创意、更贴近消费者的微视频广告不仅成本相对较低，而且传播效果明显，确实使广告主能取得更高的回报率，因此受到越来越多广告商的青睐。

2. 艺术创作微视频

此类微视频作品通常是专业影视创作人员的艺术创作，大多是为影视作品创作比赛或为配合某些大型活动的举办而创作的。艺术水平较高、制作专业精良、具有深刻的思想文化内涵是此类微视频作品的统一特点。

微视频作为新兴事物，有着比传统影视作品更为宽松的创作空间，为有志于影视创作的专业人员和爱好者提供了更多表达自己的机会，也更有利于他们实现各自不同的艺术理念与自我价值。比如当年基于真实故事改编的伍仕贤的《车四十四》（拍摄于 2001 年，后获得第 58 届威尼斯电影节评委会大奖）、宁浩早期的《星期四，星期三》《绿草地》，都引发了许多共鸣。他们对艺术的执着追求和独特的个人风格对提升微视频的艺术品位和格调有着积极的促进作用。

3. 公益宣传微视频

此类微视频是为了配合社会公共道德宣传，倡导良好的社会风尚、提高社会道德水平等，围绕明确的主题和目的而进行创作的。指向性、思想性强是其最鲜明的特点，如反映"空巢老人"的《零元招租》、聚焦福利院孤儿的《我爱考拉》、反映中国乙肝感染群体的《十分之一的幸福》，等等。在《十分之一的幸福》中，周冬雨饰演一位备受歧视的乙肝病毒携带者，在黄磊的关怀下，终于重拾生活的信心，露出甜美的笑容。

图 2-1 《十分之一的幸福》剧照

公益宣传微视频从社会公众的切身利益出发，提醒公众对于社会的责任和态度，凸显了正能量，具有良好的社会效益，已经吸引了越来越多的创作者加入其中，但还需要进一步宣传推进，以利用微视频的影响推动社会的进步。

4. 用户原创微视频

用户的广泛加入是微视频得以普及并繁荣发展的基础。此类视频是网民根据自己的兴趣爱好创作的，内容多样，形式宽泛，不受商业利益的约束，具有自娱自乐的特点，但作品的艺术性与专业性往往不足。

用户原创微视频最大的价值是反映了普通民众的诉求，折射出普通网民群体的生活与心理需求。数字技术带来的便捷让草根不再只是充当衬托经营的背景，而是能够通过微视频等影像的方式展现自我，并通过个体化传播宣泄个人情感、表达个体特征、追求个人价值，这是个体尤其是在传统社会中没有话语权的个体实现社会文化权利的重要体现之一。

第三章　微视频的创作

- 纪实类微视频创作
- 剧情类微视频创作

新媒体时代，"碎片化"的信息拥有了新的话语权威和传播效能。碎片化信息不仅仅是对传统媒体平台的"碎片化"，更多的是对其传播内容的"碎片化"。在新时代，传媒信息在符合传播要求的前提下变成碎片。因此，要在新媒体的信息海洋中"生存"，必须拥有两个基础特征：一是信息依然保留着独立而完整的语义，二是信息的微量化。

对于微视频的研究而言，新媒体时代所带来的全面影响，不仅涉及影像作品的媒体平台、传播方式的丰富与更替，也会涉及影像作品生产的全过程；在这样的大环境下，从新媒体时代的特征入手，了解其对微视频表达所产生的深度影响也是很有必要的。

一、新媒体时代下微视频发展趋势

在新媒体环境下，视频碎片化的过程既是一个挑战，更是一个机遇。

首先，微视频受众群体的广泛化，带来了创作流程变迁与提升的可能性。由于视频微量化以及设备的日益普及，微视频的制作门槛变低——虽然还存在着专业化程度上的制约。微视频关注的领域也越来越多，这使得一些主流纪录片或纪录片制作者以前未发现的内容空白或信息遗珠得以展示。这两方面的吸引力，使越来越多的人参与到微视频的制作过程中，无形中也带动了更多的人关注微视频。在"关注即生产力"的时代，受众群体的广泛化，使微视频变为群体创作及产生其他新型创作方式成为可能。

其次，微视频传播路径的多样性，带来了制作模式的丰富化。由于微视频的微量化和独立语义，使其能够以更加细腻的方式融入社会生活的方方面面，既可以组合成大片，登上大小银幕；又可以独立小制作，切入网络世界，进入移动终端。在网络化和碎片化的推动下，微视频拥有了丰富的制作模式。

最后，微视频所包含的巨大商业价值，为其艺术化的提升带来了新的希望。自古以来，"商业化"与"艺术化"总是难以两全，尤其在视频领域中。但是，新媒体时代下，资金、市场与成品的互动性加强了。投资方与制作方能够通过前期策划，以微视频的方式试水市场，并通过市场、受众对于一部微视频的反馈来决定是否加大投入、继续拍摄；又或者是对后续的纪录片进行调整及提升，使其既叫好又叫座；甚至可以推行美剧的制作与采购方式，根据是否有播放市场、销售市场来决定是否开拍或续拍。

微视频的方兴未艾既给新媒体时代的纪录片制作群体带来了新的冲击，也带来了新的挑战。想要更为有效地把握这类纪录片，仍然需要我们在推进纪实性微视频发展的同时，关注其研究，实践其作用，使之能够更有效地适应于新媒体时代，发挥出应有的作用。

从制作的角度来看待新媒体时代下的微视频，"碎片"所具有的独立语义和微量化赋予了微视频更多的优势，这些优势也推动着微视频不断变化、演进。

（一）微视频具有独立的纪录片语义

一方面，"碎片"本身在创作时就具有语义特性。"纪录片真实再现的场面'情节'只是一些并不连贯的情节碎片，它们只有和解说词（以及相应的声音元素）结合起来，才具有叙事的意义，观众才能看得懂。"[①]另一方面，纪实性微视频从最初策划到最后的编辑，都基于传统纪录片制作过程中的转化或变迁。

（二）微视频具有更强的可编辑性及提升的可能性

在篇幅的要求下，每一部微视频对于其所针对的主题或内容而言，都要求言简意赅，不会把时间浪费于无用的情节。在精品制作的要求下，纪实性微视频显得更加精练和简洁；将众多简洁而精练的碎片进行组合和编辑时，能够令微视频作品的质量有更大的提升。

（三）微视频具有更为广阔的关注视野和流通渠道

较纪录片而言，微视频更易于对某一细分领域进行更为深入的说明，也具有更广阔的关注视野。由于微视频不需要过长的篇幅，决定了其主题选择更加灵活；拍摄和制作周期较短，也决定了其镜头所面对的世界和角落会更多、更细，更决定了微视频具有更多出彩的机会。从制作与流通上看，微量化的信息可以更快速地进入多元的流通路径中，能够形成对大型纪录片的有益补充。

在微视频的发展过程中，有两点值得关注。一是，新媒体的"自媒体"特征，使非专业人士也能够参与到微视频的制作之中。但是微视频制作又不是一个简单的流程，而是一个系统工程。例如前期选题及后期制作上的技能缺失，会影响到收视的效果；纪实性微视频的视听语法、制作标准、技术指标的健全程度，也会影响到制作群体水平的高低。但是，非专业人士制作的微视频有其特有的价值，需要各大平台挖掘和利用。二是，传统媒体人在向新媒体人过渡的过程中，在视觉思维、传

---

① 王凌雨.碎片的拼贴——"真实再见"的创作原则［J］.电视研究.2008（12）：39.

播思维上的滞后会影响微视频的发展。作为一种新的视觉传播形式，微视频从选题开始，就必须能够适应新媒体的传播方式，在制作过程中更需要以新媒体的路径为考量，采用新的商业方式进行生产。

二、微视频的传播

从传播学的角度来看，微视频是新媒体传播的一种表现形式，我们将从传播的整个过程加以分析。按照美国传播学者拉斯韦尔传播过程的"5W"模式，传播过程分为传播者、讯息、媒介、受传者、效果五个方面。

（一）传播者

传统大众媒体的传播者主要是媒介组织，传播者将信息搜集整理，进行单向传播。由于传播者的门槛较高，作为个体而言很难成为信息源的发布者，而新媒体的出现改变了传播的方式，将原来的单向的线性传播发展成为网状传播，个人成为传播网络中的一个节点。去中心化后的传播网络中，每个个体都有成为传播主体的平等机会，每个个体都是信息源，信息在这张没有边界的网中进行着"病毒式"的蔓延。

（二）讯息

由于每个个体都有可能成为信息传播的主体，因此只要他们有通过纪实性微视频创作传达观念的欲望，都可以在互联网上建立自己的自媒体电视台。在传播的网络中，传播内容被碎片化，大量具有离散性的内容在无序地传播。

（三）媒介

传统大众媒体的传播途径被主流意识形态所把持，个人无法通过传统媒介平台发布信息。新媒体则弥补了其不足，一种人人共享的媒介平台在新互联网时代形成。互联网中的视频分享网站为个体搭建了信息传播的公共平台，博客、播客等个人的信息发布平台逐渐成熟，便携的手机媒体用户量增长，等等，这些都为个体信息发布提供了便捷的途径。

（四）受传者

正如每个个体都有成为传播者的平等机会，每个个体也都可能成为受传者。在传播网络中，每个个体都具有双重的身份，既是传播的主体，又是信息的受传者。信息的受传者也不再仅仅处于被动接受的地位，而是能够对信息传播者进行有效的反馈。在这样的环境下，纪实性微视频的创作也将会发生变化，一种开放性、互动性的创作模式将会更加适应新的媒介环境。

（五）效果

随着更多的个人加入微媒体传播中来，信息网络中的节点越来越多，其产生的传播效果将更加明显，影响力也越来越大。这种参与性传播导致信息以"病毒式"传递，信息被大量相互转载，传播速度和效果与传统的线性传播相比将呈指数式增长。

通过对传播过程中的各个环节进行考察，我们可以看到，新互联网时代催生了微媒体传播，其传播的特质影响到了传播过程中的每个环节，这为微视频的传播提供了恰当的媒介生态环境和平台。

第一节　纪实类微视频创作

完成一部纪实类微视频，如同电影一样，也同样需要经过前期策划、拍摄期、后期编辑，以及成片之后的运营等环节。成功的纪实类微视频并不是用手机随便一拍，或者心血来潮时一拍就可以完成的，而是要经过认真的筹划，拍摄期间摄像、灯光、录音等环节的默契配合，后期的剪辑加工，结合视频的运营宣传等一系列程序才能完成的。

一、构成要素

（一）微时长

纪实类微视频是微时长的纪录片，更是一种叙事艺术。微时长对纪录片的创作有着多方面的影响，而影响最为明显的当属叙事。

叙事时间分为四类：事件时间、叙事时间、放映时间和接受时间。

1. 事件时间

事件时间是指纪录片中的事件在现实生活中发生的过程时间，是现实生活中事件过程的时间流。纪录片创作是对原始影像素材的处理，纪录片的事件时间则是纪录片叙事的基础。从叙事时间角度看，纪录片的艺术创作是对事件时间的变形性处理，是事件时间畸变的结果。

2. 叙事时间

叙事时间是指纪录片中所叙述的故事中呈现出来的时间，是纪录片的创作者在事件时间的基础上重新安排处理的时间。纪录片的叙事时间是对事件时间的压缩或者扩展，如将一件发生在较长时间内的事件用一段较短的时间展现出来，或者将一个短时间内发生的事件进行扩展。就纪录片而言，还有一种极致的、类似现场直播般的展现方式，就是叙事时间等同于事件时间，这也被称为纪录片创作的一种类似自然主义表现的风格。

3. 放映时间

放映时间是指纪录片中影像画面依次展现所需要的时间，是纪录片播放的时间，也是观众观看时所花费的时间。

4. 接受时间

接受时间是指纪录片在观众心理上形成的时长，这是一种主观时间，不同的观众甚至是同一观众在不同的心境下对同样一部纪录片的接受时间都可能不同。

（二）微题材

对于时长较短、体量较小的纪实类微视频而言，微小题材往往是其首要选择。纪实类微视频关注的大多不是重大的历史事件，而是将镜头更多聚焦于微生活、微事件，而这些事件恰恰和普通人的生活联系更为紧密，更易获得共鸣。但是，微小题材并不意味着思想内涵简单，所谓以小喻大，以大见小，正是在尺水之中见波澜。纪实类微视频的创作也应立足于表现普通人的小事，发掘微题材中的"大"。

（三）微视角

体量微小的纪实类微视频主要采用微观视角对生活进行记录。所谓微观，可从两方面理解：一是对大主题的事件从微视角去表达，二是对寻常人和事的平民化视角展现。

（四）个体化

纪实类微视频的个体化创作特征，从外在来看，是由于技术门槛的降低，让更多的非专业人士可以从事纪录片的创作，从而打破了传统媒体对话语权的垄断。从内在来看，则使个性化影像创作成为可能。

由于制作技术门槛的降低，让更多人可以参与到纪实类微视频的创作中来，开启了个体化记录影像创作的时代。每个人都有权利进行影像记录和书写，由此，创作的个体化、纪录语言的多样化成为纪实性微视频创作的重要特征。

二、纪实类微视频策划

同其他拍摄一样，拍摄一部纪实类微视频，策划的工作主要包括：第一，确定拍什么内容，即选题策划；第二，在确定主题之后，要通过调研评估拍摄的可行性和确定拍摄的重点；第三，撰写摄制计划书，规划拍摄等细节，这也是策划阶段最重要的部分；第四，组建拍摄组，并进行准备工作。

（一）选题策划

纪实类微视频最为关键的要素就是选题，一个不成功的选题往往让人事倍功半。选题策划就是要解决"拍什么内容"的问题，这是所有创作者在创作过程中都必须面对的第一个问题。然而，世界是丰富多彩的，它包含了宇宙、自然、社会、科学、历史、人物，等等，这些都可以纳入创作者的取材范畴。什么样的选题才算是好的选题？这就如一千个人心目中有一千个哈姆雷特，不同的创作者自会有不同的答案，很难给出一个统一的标准。否则，就很难解释，为什么面对相同的选题，有的人可以拍得妙趣横生，而有的人却将其表现得索然无味。即使没有统一标准，对于初学者来说，以下基本原则和价值取向仍可以作为选题策划时的重要参考。

选题策划的基本原则是：选择自己熟悉的、能触动你的或者能让大众产生共鸣的题材进行拍摄，并从独特的视角切入。

尽管纪实类微视频的时间长度使其创作自由度受到了一定的束缚，但其创作仍和其他形式的创作一样，是一个将创作者对客观事物的感悟与思考进行艺术化表达的过程。表达的效果如何、深刻与否，很大程度上取决于创作者对客体对象的认知水平。作为一名导演或者编剧，如果对即将拍摄的题材毫无感觉，很难想象他能创作出有深度、有感染力的作品来。与此相反，只有当那些人物、故事或事件与创作者个人的思想认识、情感经历、人生体验、审美情趣相吻合时，才有可能真正触发创作者的灵感和激情，也才有可能创作出优秀的作品。或许可以这样认为，好的选题到处都是，就看你表达得有没有个性、够不够独特。因此，细心观察周围的人和事是很重要的，好的选题可能就在身边。

纪实类微视频选题策划价值取向有以下重要参考指标：

1. 共鸣

纪实类微视频要想取得共鸣首先应该敏锐地把握当下的脉搏，触及社会的矛盾，揭示时代的本质，体现时代的精神。

当今中国正处于社会转型的大背景下，各行各业、各个领域都在经历着不同层次的变革。这种时候，社会的结构形态、价值体系，人们的生存状态、精神世界，都是动态变化着的。关注、见证这种时代的变迁，记录这种大的时代背景之下人们的生活境况、情感经历以及精神追求，记录我们的民族、我们的文化在世界性的潮流面前的处境和走向，既是纪实性微视频工作者的职责所在，也是微视频作品的市场所在。

当然，必须要注意的是，引起观众的共鸣绝不是一句空话，更不是创作者可以任意张贴的标签，对它的把握需要创作者深入社会、深入生活，用认真的态度和敏锐的触角去探索和发现。

2. 独特而稀缺

新颖性和独特性是微视频引人关注的关键性因素，在这里有两个方面的含义：一是指在选题策划时应该着力寻找那些新鲜的、人们不太熟悉或异于平常的内容。新鲜、奇异的事物不仅能够激起人们与生俱来的好奇心，而且还可以帮助人们增长知识、开阔眼界，因此广受欢迎。二是指善于以独特的视角从看似平常的生活中挖掘不同寻常的故事和情节，从而体现出作品的与众不同。新鲜、奇异的事物毕竟只是少数，我们更多的时候要面对平淡的生活。但平淡的生活其实并不平淡，只不过习惯性思维经常蒙蔽了我们的双眼，使我们不能够发现平淡生活中独特的事物。只要有足够的细心和耐心，我们总能从平淡和相似之中寻找到一些独特的东西。中国导演陈晓卿的系列纪录片《舌尖上的中国》（图3-1）对微视频的创作者很有启发。作品将镜头聚焦于中国美食，虽然我们每天都在吃饭，却没有真正深入地认识它们。本片通过讲述关于食物的故事，以及各类美食的做法，使我们对传统美食有了新的认识并产生了兴趣。由此可见，拍好微视频，敏锐的观察力和逆向思维、发散思维能力必不可少。

3. 有趣

从叙事角度来看，纪实类微视频作品同样是一门叙事的艺术。把一个人物、一件事情讲述得有趣，是纪录片的基本要求。特别是在网络竞争日趋激烈，娱乐化倾向越来越明显的今天，凸显故事性和趣味性更是纪实类视频市场化生存的重要策略。在众多选择面前，现在的观众很少有耐心去观看冗长而乏味的影片——即便它的题材非常重大、意义非常深刻。而不会讲故事、缺乏趣味性恰恰是国内纪实类视频常见的弊病。我们的纪实类视频要么注重宏大叙事，喜好大谈哲理或意义，要么偏爱

图 3-1　美食类纪录片《舌尖上的中国》以其独特的创作视角引发收视热潮

"跟腚"镜头，过分强调对冗长过程的"原生态记录"，这两者无疑都很容易使纪实类视频陷入单调枯燥的境地。随着网络的普及，大众的视野越来越开阔，对以往冗长无趣的纪实类视频日渐排斥，不愿花费时间观看。纪实类微视频用更少的时间展示了更多元、情节更有趣的生活，弥补了以前传统纪录片和纪实类视频的不足。

要想提高纪实类微视频的故事性和趣味性，选题的把关非常重要。那些本身就具有丰富而曲折的故事情节或戏剧性元素的题材总是更容易俘获观众的心，在组织作品结构时也更容易做到跌宕起伏。其实，现在传统纪录片或纪实类视频在制作上差别已经不大，甚至是非常程序化的，比如到多长时间要形成一个兴奋点，到多长时间要达到一个小高潮，这些都有明确规定，制作人员只需要根据固有程序或套路操作即可，差别主要体现在对选题的筛选上，一部影片如果没有足够的故事性或趣味性，是很难获得公司的制作许可和资金投入的。

有一点需要明确的是，纪实类微视频同纪录片一样，必须是真实的故事，是通过对生活的细心观察精心挑选出来的故事，绝不能是虚构出来的故事。

4. 视觉冲击力

视觉冲击力，主要指选题内容具备适合于画面表现的生动而又新奇的形象因素。客观事物所表现出来的形象是不一样的，并不是所有的人和事都有生动自然且富有个性的形象特征。一般来说，技术性、理论性很强的内容不太容易用生动的形象加以表现。当然，这并不是说纪实类微视频排斥这些选题，而是说应该尽可能地发现其中有表现力的形象因素或与之有关的形象因素（如环境、物体等），使其具有独特的形象表现力。

在考虑选题的形象因素时，可以着重关注以下内容：

（1）人物的职业、活动或事物的特点是否具有较丰富的视觉特点。

（2）所涉及的场景是否有变化。

（3）现场环境是否具有可视性。

（4）人物的生活或事物所涉及的面是否丰富多彩。

以上这些方面如果都有较好的基础，那么微视频作品至少在画面形象上是不会单调枯燥的。

（二）调研预访

选题策划初步解决了"拍什么"的问题，但实际上，选题的具体内容还存在着很大的不确定性，因此，需要通过预访和实地调研来解决。当然，有时这项工作也可以与选题策划同步进行。原则上，预访和调研应该宁缺毋滥、宁细勿粗，越全面、越深入细致越好。具体地说，预访和调研的基本任务应包括：

（1）传达拍摄动机，确定拍摄的可行性。这需要提前获得拍摄许可和采访嘉宾的许可。

（2）熟悉被拍摄对象和场景。像天气、气候、地理、环境、光线等因素是必须事先考察的，它们会直接影响到人员配置、行程安排、资金预算、设备使用等诸多问题。

（3）确定拍摄重点。纪实类微视频虽然也是对现实生活的记录，但它绝不是纯自然主义的记录，而是有重点、有选择性的记录。这就需要创作者通过大量的调研，发掘出有个性的人物和行为，了解什么是常态与非常态、谁是最好的被摄者、谁不适合被拍摄等。

（4）进行参与性采访。即与被拍摄对象进行有效沟通，建立信任关系。只有建立在信任基础上的摄制才能令被拍摄对象进入最佳状态。有些人在镜头前特别会作秀，有些人则因为太紧张反而说不出话，这些因素都可能会干扰拍摄。因此，建立彼此之间的信任，让被拍摄者了解你的拍摄意图，对拍摄是有利的。

（5）搜集背景材料和更多的事实信息以及细节。仅仅掌握表层的事实远远不够，那样只会使影片流于平庸和缺乏特色。创作者应当发掘出比题材本身更多的且超出观众预料的东西，如利用互联网、报纸杂志搜集有用的观点与评论，观看同类题材的影片（但要避免过多地受它们的影响），和相关专业人士交流，分享他们的意见等，都是有效的做法，有时候，一个不经意的背景事实或细节可能会为整部影片增色不少。

三、方案写作

前两个阶段完成之后，就可以进入具体设计阶段了，创作者要用书面形式将文案具体表述出来、以便实施时有操作的依据。

编制策划书就是把整个纪实类微视频策划的构思用文字和图表确定并表述出来，形成一份可操作、可供审批的"施工图纸"。根据这个要求，策划书的写作内容大致可分为以下五个部分：

1. 目的意义

主要表明拍摄这部纪实类微视频的初衷是什么，让团队工作人员迅速了解为什么这么做，认识到作品表达的内涵，等等。

2. 内容形式

主要是让策划者阐述他的创意，这是策划书的关键部分，通常可以从内容和形式两个方面来介绍这个创意。内容包括表现手法、制作技巧、技术手段以及包装推介等，也包括题材、选题、主题思想、背景材料以及相关内容；形式包括表现手法、制作技巧、技术手段以及包装推介等。

3. 分工

这一部分主要是明确人员分工，例如，什么时候完成前期准备、什么时候进行拍摄、什么时候进入后期制作，等等。

4. 经费预算

大概估算整个作品人员及拍摄的费用，等等。

5. 作品评估

做完这些计划后，还需要预测一下作品在网络平台或者电视平台播出后可能引起的反响，并根据实际情况决定之后的规划。

最后，写作方案要注意两点：一是语言应简洁明了，突出亮点；二是应根据不同的拍摄对象撰写不同的拍摄方案。

四、拍片准备

纪实类微视频创作通常有两种模式：一种是相对保守的模式，这种模式在开拍前就会制订一个比较详细的拍摄方案，类似于故事片的剧本，包括拍摄提纲、采访及拍摄的风格与样式、线索的安排、结构的设计等。拍摄过程中除非遇到特殊情况，基本上是对原计划的一个实现过程。另一种则是相对开放自由的模式，没有具体的拍摄大纲和实施计划，拍摄者选定了某个题材后，边拍边看边想，在拍摄过程中寻找线索、安排结构、确立主题。

很明显，后一种模式享有更高的创作自由度，不过前提是创作者要有充足的创作时间、经费以及设备。这种创作模式多应用于纪实风格的作品之中，伴随生活同步前进，向未知取材。因此，其优势就在于"过程"和"悬念"，这就要求导演对所拍摄的内容要有较强的把控和应变能力。从另一个角度来分析，这种创作模式也有明显的弊端：一方面，题材受限制；另一方面，作品风格不统一，难以保证品质。

随着网络的极速发展，纪实类微视频量产已是大势所趋。而量产的一个基本要求就是作品质量应该相对稳定，风格应相对统一，甚至时长也要基本一致。为了达到这些要求，导演和摄制组在拍摄前的筹备工作就变得异常重要。

在作品拍摄之前，人员分工是各项工作的重中之重。而在所有工作人员中，导演是核心，是进行集体创作的唯一负责人。在创作过程中，必须建立导演现场负责制的指挥系统，以保证全组工作目标明确、操作步骤清楚，要以导演为核心来促进创作人员的工作热情并监察其工作质量，用制度化与人性化相结合的管理来保证摄制组的工作效率。每部优秀的作品都要有一个优秀的创作集体，且对于每一位成员都有较高的要求和明确的分工。

摄影师的重要性仅次于导演，他的基本素质是具备拍摄的影响判断力、现场的决断能力以及应变能力，他的工作职责是负责调试设备，思考用光、选景、构图、拍摄角度和准备供电装置等。录音师的作用也十分重要，他必须事先检查声音设备，在拍摄现场要录清楚谈话内容，而且必须保证声音的品质，还要确保麦克风在动态摄影时不会"穿帮"。灯光师往往要与摄影师密切配合，在拍摄现场，他需要与摄影师协商如何步光，甚至导演也应该征询灯光师对拍摄效果的意见。

制片人是指在项目中对内容、人员组成和经费运作进行把关的人，是项目的总负责人，制片人的作用主要是实现科学管理、落实责任、合理配置资源。有时制片人也要担任制片。制片要为摄制组提供后勤保障，其主要职责是负责所有后勤工作，比如安排摄制组在外景地的交通食宿，确保创作人员的正常生活；与导演商量拍摄日程与计划，确保创作人员的工作进度；负责摄制组的对外联络。制片要具备良好的社交能力和组织能力。

制片人在拍摄前的计划安排包括以下五项内容：

（1）人员配置。一个纪录片工作小组通常人数较少，一般 2～6 人就可以了。最简单、最常见的配置是编导和摄影师各一名，如果摄制要求比较高的话，还可以陆续加入第二摄影师、录音师、灯光师、助理等。像《故宫》《复活的军团》《郑和下西洋》这样拥有庞大制作班底的项目目前在国内还不多。

（2）设备清单。使用什么样的设备要依据拍摄的具体任务、环境和要求而定。有的片子用一台简单的 DV 就行，有的则有特殊的设备要求，如高清摄像机、轨道车、摇臂、组合灯光、斯坦尼康等。这些设备平时很少用到，但对于某些高投入、高标准的片子来说则是必不可少的。

（3）预算草案。预算会受到许多因素的影响，如人员报酬、设备租借、交通食宿、杂费等。控制预算最重要的就是要估算好拍摄地的数量与远近、所需的时间以及每一次拍摄要花费的天数，这些将决定总成本的高低。一般情况下，高估而不是低估花费是一种明智的做法。

（4）行程安排。周密合理的行程安排可以保证拍摄的顺利进行，可以大大提高拍摄的效率，还可以估算出大致的周期和费用。当然，再周密的安排也会因为种种不可预知的因素而被打乱，但适度的调整总比无序要好得多。

（5）应变措施。拍摄纪录片是一项系统工程，环节众多，无法保证每个环节都不出意外。正因如此，事先制定应变措施就变得十分重要。摄制组人员变动、拍摄人员变更、交通出现问题、设备出现问题，还有拍摄计划调整，甚至拍摄题材的调整等，这些都有可能发生。一旦发生变化，必须有作为第二套方案的应变措施进行及时补救。

五、拍摄提纲

拍摄提纲是对准备拍摄的纪录片提出假设性的工作方案，也就是解决"怎么拍"的问题，它是整个摄制的行动指南。对于一些小型纪录片来说，简单的几个场景，数十个镜头就能解决问题，或许用不着兴师动众地撰写提纲与计划，但对于那些规模稍大、制作周期较长的纪录片而言，若没有一个拍摄纲要和计划安排，恐怕就会乱成一锅粥。一份最终的提纲可能要经过反复撰写、多次修改，但一般来说，提纲至少应涵盖以下一些内容：

（1）阐明主题。通过提纲可以看出作品的主题是什么，以及它要向人们说明什么问题，这是整个创作中应遵循的基本出发点。只有主题明确，才能使创作者在创作过程中始终保持清晰的思路，及时纠正失误与偏差。

（2）确定主要内容。根据主题要求，决定选用哪些内容来表现它，这些内容是选取形象素材（镜头）的基本依据。

（3）形成大致的段落层次。根据内容的性质，考虑具体的结构形式，如确定哪部分应在前、哪部分应在后、内容之间如何过渡，最终形成作品的雏形。这个雏形也是后期编辑制作时的重要依据。

（4）确定风格样式。根据题材的性质和个人的喜好，决定作品的表现风格与形式，如确定是用纪实的方式，还是用表现的方式；是以叙事吸引人，还是以情感人；是介入式采访，还是旁观式拍摄；是倚重同期声，还是依赖解说词，等等。风格样式决定了影片的拍摄方式和结构方式。

（5）确定综合处理方式。在提纲中要体现出同期声、音乐、音响和解说词综合处理的设想，特别是重点段落和高潮部分，如何发挥综合效果的作用，要尽量考虑周全。

至于提纲写作，一般没有一个统一的格式，可以根据选题内容的差异和个人的喜好而采用不同的形式。但应注意的是，在内容的选择和段落的安排上，不能以个人的意志机械地去套生活情节，更不能以自己的主观臆想去随意地导演生活，否则就成了闭门造车。另外，也要注意不能强求具体细节，否则有可能作茧自缚。这里介绍常见的三种提纲写法：

（1）粗线条式。只记录与表现对象有关的主要因素、段落、上下文的连接方式以及创作风格等。

这个粗线条式的提纲只是提供一个创作的总体指导精神，在具体拍摄时，需要根据这个精神和实地情况来决定镜头的景别、角度、顺序等具体设计。在最后编辑和完成时，可能会有很大的改变。

（2）段落式。把影片要表现的主要内容按结构层次的发展排列出来，把每段要表现的大致内容和要点简明扼要地写出来。

（3）分镜头式。把纪录片的画面内容和解说词同时写出，每一部分都有较细致的设计。根据创作者掌握的情况和习惯的不同，有些纪录片以解说词为主，镜头只表现影片的大意；有些纪录片以镜头为主，解说词只表现影片的大意。这种提纲写作方法一般在专题片中最为常见。

第二节 剧情类微视频创作

对于任何影像创作而言，剧本都是不可或缺的蓝本和基础，是创作过程的真正起点，对微视频也同样如此。本章内容就致力于以简单易懂的方式对微视频剧本创作的过程加以分析说明。

在创作领域，剧情类微视频毫无疑问是传播最为广泛、社会影响较大，而且艺术性也相对较高的类型。因此，在学习过程中应以剧情类微视频为主，同时兼顾纪实类与实验类作品。

与常规影视剧本相比，微视频剧本的篇幅要小得多，可以说，相对于大电影，微视频的故事讲述方式有着更为独特的规律与技巧，它绝不是大电影剧本的"微缩版"。创作时，面对题材选择、素材加工、结构布局、造型处理、情节构思、性格塑造、对话创作等一系列环节和过程，创作者尤其要注意。初学者出于一时的热情与急于求成的心理，最容易忽略这个为作品打基础的阶段。正如盖房子却不打地基一般，最终的结局只能是投入大量的精力时间却功亏一篑。因此，重视剧本是进行微视频创作的第一步。

一、剧情类微视频剧本的相关知识

认识什么是微视频剧本创作及其有哪些基本元素、基本格式、基本结构，以及它在形式上、语言上有哪些特点，是正式展开剧本创作的前提。

（一）基本元素

主题：影视艺术作品要表现的意图与焦点所在，是将整个剧作中所有基本元素如人物、情节与结构以及各种艺术手段组合起来的统帅。

情节：促使人物行动的环境变化过程，由一系列人物、人物关系及矛盾发展的相互联系的事件构成，它的核心要素是矛盾冲突。

结构：场景排列的次序，强调因果关系。结构是故事的骨架。

人物：影视作品中拥有和人一样的情感或内在形象的角色。

场景：故事发生的地方。

台词：角色的语言。

（二）**基本格式**

"按照'正式'格式写作的剧本并不一定是好剧本，但是从专业角度看，它至少能使未来的制片人在拒收之前翻阅一遍。然而，在电影行业中，形式往往重于内容。一份字迹潦草、不按专业要求抄写的优秀剧本，在剧本审查人的手中马上就会遭到否决；而按正规格式写成的蹩脚剧本却有可能会受到重视。如果你受雇于人去写作剧本，该剧本又要由别人来表演的话，你就必须写得清楚具体，使人能够读懂，这就要求作者用标准的剧本格式和表达方法进行创作"。[①]

剧本格式因不同的国家地区、不同的创作体制、不同的内容而有不同的样式，比如西方国家（以美国、法国、英国为代表）、俄罗斯、中国台湾的剧本样式都各有特点。

我们给大家推荐的是目前世界很多国家流行的剧本格式。其特点如下：

1. 场景：开头写明场景号、剧情发生的时间、地点，并说明是内景还是外景。

2. 段落：句首空两格。

3. 台词：句首空两格，写清说话人，标注冒号之后写台词。

4. 动作：如果剧中人物开始说话时就有动作，就用括号标注写在台词前面；如果是在话语之中发出的动作，则以括号标注夹在对话中间；如果动作很复杂，需要较多说明，就另起一段，用单独的文字描写出来。

5. 描写场景与场景的段落中间空一行。

（三）**基本结构及其特点**

元代范德玑在《诗格》中写道："作诗有四法：起要平直，承要春容，转要变化，合要渊永"，自此，起承转合就成为行文作诗惯用之法。"剧本创作的典型技巧也是要有'起承转合'，这是吸引观众的把戏。在电影时间上，'起承转合'好像苦心设计剧本的黄金分割率，把故事切分成四个段落，段落之间设计好了一个事件转机，把观众的注意力引向下一幕"。[②] "起"是故事的开端；"承"是故事的重点，通常描写人物遇到的对抗；"转"是剧情的高潮部分，情节在这里发生转折；"合"是

① 亚当斯. 电影制作手册［M］. 北京：中国电影出版社，1989：151.

② 下牧建春. 一个微电影的诞生［M］. 上海：上海人民美术出版社，2014：16.

故事的结尾。

"起承转合"是微视频剧本的基本结构，但是在具体创作中还应注意突出微视频与传统影视剧本不同的特点。

1. 微视角小故事

由于体量的限制，微视频通常会自觉避开宏大的社会历史题材，而选择人们在日常生活中被主流遗忘或熟视无睹的问题、现象，进行陌生化与问题化处理，呈现的是"微时代"和"微社会"中的"微现实"。

2. 令人惊异的叙事方式

微视频在叙事策略和技巧上有更高的要求。为了讲好小故事，往往要采用多重时空瞬间转换、悬念迭出的戏剧化叙事模式，使微小的故事以令人惊异的方式呈现在观众面前，以产生"既在意料之外，又在情理之中"的审美体验。

3. 自由的创作和解读空间

对传统艺术作品而言，"文以载道"是其最重要的意义和价值，为主流话语发声并为维护现存社会政治秩序呐喊是艺术作品应有的使命，但自由的创作需求和审美体验却可能因此被压抑或奴役。微视频的出现可以被称为传统影视美学的革命。以微电影为代表的微视频起源于民间创作，其理念和手法随心所欲、率性而为，从对个体的微小叙事中消解了传统影视的宏大叙事，创作者从而获得了巨大的、个性张扬的自由体验。对观众而言，微视频是一种多义性的开放文本，与权威无关，仅仅是一个自由审美的过程，因此带给观众精神上的轻松愉悦是传统影视作品所无法比拟的。

（四）用 800 字创作经典故事

怎样利用 800 字将故事讲得生动？和长篇故事的叙述相比，短篇故事的叙述需要的字数更少。当字数受到限制时，所能讲述的故事在类型上就会受到限制。在非虚构作品的故事创作中，有中短篇和长篇的区别，类似虚构作品中短篇故事和小说的区别。短篇故事的写作缺乏空间来探究人物的复杂性。因此，虚构作品的一个基本原则就是，小说要探究人物，而短篇故事要探究事态，这一原则对于非虚构作品也同样适用。

因此，短篇非虚构叙述作品主要关注动作。斯图亚特·汤姆林森的故事中，警察从一辆燃烧的汽车中解救了一位妇女，全文不超过 800 字，而且几乎所有文字都用来描写动作线，动作的开始就是警官目睹事故发生（一名警官一直坐在十字路口，看着车辆呼啸而过），从而制造出事态（一辆小货车呼啸而过，撞倒了一辆轿车，将一名女司机困在变形的车厢中）。我们对受害者这一人物一无所知，直到最后一段她才开口说话（感谢警察的救命之恩）。我们对目睹车祸的警官杰森·麦克高文的了解也不多，只知道他逮捕了肇事者，并且奋力想要扑灭受害者车上不断蹿出的火苗（警察们拿出灭火器，试图控制住火势，但是火势不减，其中一名警察还冲进附近的便利店，抓起一个灭火器，重新灭火）。

短篇非虚构叙述作家必然受限于一到两个场景。按照经验法则，估算构造一个场景并且包含一条动作线，大概需要 500 字。相应地，斯图亚特那篇有着 800 字的汽车着火的故事基本上就是一个场景外加医院里一个简短的小插曲；一篇 3 000 字的杂志叙事文可能包括 6 个场景；一篇包含四个部分的报纸连载或重要的杂志封面故事则可能包括 30 个场景。

短篇故事的叙述还必须迅速发端，甚至不得不唐突结尾，叙事弧线会突然上升并迅速下落。作家们要尽力摆脱即时动作的障碍，如斯图亚特以"一辆小货车呼啸而过……"为开头，以描写医院里的幸存者简短地结束。

像这样陡峭的叙事弧线，可以包括所有关键的要素并一一阐述：上升动作、危机、高潮、问题的解决 / 结局。当然，短篇作品还可以包括一个主题，但是其主题缺乏像篇幅更长、更具文学性的叙述作品那样的深度和精细度。斯图亚特故事里的系列动作除了告诉我们"关键动作挽救了生命"之外，几乎没有其他内容了。

二、微视频剧本的创作过程

任何一部 90 分钟以上的常规影片都是由许多情节构成的，这些情节被业内人士称之为"一场戏"，通常一部影片由五六场戏构成，每一场戏的长度大多在十几分钟至 30 分钟之间，恰好是一部通常意义上的微视频的长度。因此，从拍摄微视频开始创作之旅，可以为进行规模较大的常规影视作品的创作积累宝贵的经验教训，而且微视频"麻雀虽小，五脏俱全"，在创作过程中会接触到方方面面的题材，是很好的训练基本功的方式。

这一节我们会结合具体案例，按照微视频剧本的写作步骤，紧扣创作的各个环节，为大家讲述微视频剧本的创作过程与注意事项。

（一）人物

剧情微视频要注意塑造相对极致化的人物。

艺术是对现实的反映。在现实生活中，人是所有行为动作和社会关系的主体，人的情感和动作是艺术反映的主题和对象。因此，人物形象是否鲜活生动且富有特点直接关系着影视剧本的成败。微视频由于篇幅的限制，无法对人物进行面面俱到的塑造，但这并不意味着人物不重要，恰恰相反，微视频更应采取最精炼最极致的方式展现人物的特点，力图在简短的情节中使人物更加集中凸显，而不能概念化地呈现。

人物的塑造可以尝试以下几种思维方式：

1. 采用发散思维

不要局限在已有的情节框架里，而应把想象力完全打开，有关人物的所有因素都可以进入想象。或许在剧本的实际写作中体现出来的只是一小部分，但写作者却应该了解人物生命中的每一个阶段和细节。正如海明威的"冰山理论"所言，剧本中表现出来的只是冰山浮在水面上的一角，但观众却能感受到水面掩盖下的整座冰山。唯其如此，作品才能具有足够的张力，给观众深厚的审美感受。

2. 采用具象思维

不能用抽象的词汇来形容人物的性格特点，比如他很吝啬、她很开朗、他疾恶如仇，等等。人物的性格特点是要通过行为举止表现出来的，因此尽量将与抽象性格特点密切相关的具体行为细节一起写出来。

3. 采用深层思维

在现实生活中，每个人的性格都不是单一的，而是有着不同的层次性。表现出来的性格特点为人所知，但深层次的性格特点却不容易观察与体会到。表层的性格特点与深层的性格特点往往存在着较大的反差，甚至是完全相悖的。因此在进行人物设计时，应考虑到表层与深层性格特点的复杂性，这样人物就有了变化和丰富性，更加鲜活动人。

4. 采用原型思维

以现实生活中的人物作为剧本人物的原型是常见且有效的创作方式。这就需要创作者在日常生活中勤于观察思考，时时刻刻做积累，并对接触到的人物的性格特点有较为深入的揣摩和把握，能够将其最有特色的性格点移植到剧中人物身上去，并进行合理再加工。这种创作方式比凭空想象人物更为方便快捷。

5. 采用关系思维

任何人都存在于一定的社会关系之中，个体的性格特点也是在与他人的关系中得到具体的体现。因此在塑造和表现人物性格特点的时候必须考虑到其与周围人的关系纠葛。

6. 采用个性思维

现实生活中的每一个个体都千差万别，具有独一无二的个性化特点，在人物塑造时也应注意不能只采用笼统的方式将人物进行抽象概括，而应抓住这个人物与众不同的气质修养、思想情感或言谈举止。总之，就是要塑造典型的"这一个"，提高其个体辨识度。

这几种思维方式并非抽象概念，而应贯穿到人物塑造的每一个环节和细节中。

下面我们具体来讲如何塑造一个人物。

1. 创造人物的方法：性格小传

罗伯特·麦基在他的经典著作《故事——材质、结构、风格和银幕剧作的原理》中这样写道："人物设计应从以下两个主要方面出发：人物塑造和人物真相。重复一遍：人物塑造是所有可观察到的素质的综合，是一个使人物独一无二的综合体——外表特征，加上行为举止、语言和手势风格、性别、年龄、智商、职业、个性、态度、价值观、住在哪儿、住得怎样。人物真相潜伏于这一面具之下。撇开他的人物塑造特征不谈，这个人本质上是什么人？忠诚还是不忠？诚实还是虚伪？充满爱心还是冷酷无情？勇敢还是怯懦？慷慨还是自私？意志坚强还是一直脆弱？"[①]

悉德·菲尔德在《电影剧本写作基础》中则"把他（她）的生活内容分为两个基本范畴：内在的生活与外在的生活。人物内在的生活是从该人物出生到故事发生这一段时间内发生的，这是形成人物性格的过程。人物外在的生活是从影片开始到故事的结局这一段时间内发生的，这是展示人物性格的过程。"[②]

罗伯特·麦基的"人物塑造和人物真相"与悉德·菲尔德的"内在的生活与外在的生活"，尽管叫法不同，其实质却是同一个。这也就是我们在进行剧本创作时，对人物设计的基本思考方向。那么具体来讲，如何将人物塑造和人物真相（或称为内在生活与外在生活）呈现在剧本中呢？也就是，如何将一个只存在于想象中的模糊人物变成一个真实的、有血有肉且性格丰满的人物呢？

我们可以采用写人物性格小传的方法。性格小传如何写？在写的时候应该注意构思这个人物的哪些方面呢？大体可以分为两个部分：

---

① 麦基.故事——材质、结构、风格和银幕剧作的原理［M］.北京：中国电影出版社，2001：441.

② 菲尔德.电影剧本写作基础［M］.北京：世界图书出版公司，2012：36.

1.性格的背景，比如生日、籍贯、家庭、职业、经历、健康状况、婚恋情况、亲朋好友的关系；

2.人物性格的特点，比如价值观、脾气性格、文化修养、特长爱好、心理习惯、语言特点。

一般而言，微视频作品由于体量的限制，其主人公相对单一，有时也会由两个或两个以上的人物构成复合主人公，但复合主人公必须拥有同样的目标，而且在为了实现目标的斗争中必须一荣俱荣、一损俱损。

除了主人公，作品中的其他人物尽管分量较轻，但也最好都尝试一下写作人物性格小传。或许这些前期工作会令人感觉如此麻烦、琐碎，但在进行剧本创作时你就会发现，具有个性特点的细节和情节在不经意中就会纷至沓来，人物也会因此变得更加立体、丰满，充满独特的个性和魅力。"工欲善其事，必先利其器"，写作人物性格小传正是"利其器"的过程。

1. 设置目标并寻找行为动机

写完人物的性格小传，你对自己创作的人物已经有了相当的把握和了解，当然这种了解越深入越详细，越有助于你后续的写作。这是一项不间断的长期实践，你必须走进你的人物，构建他们生活的全部基础、结构和内容，并在创作中不断加入能增强和扩充其形象的因素。

完成了人物的基本创造，下一步就是为人物设置一个目标，一个清晰有力的足够打动人的戏剧性需求。"戏剧性需求是指在剧本中人物所期望赢得、攫取、获得或达到的目标。戏剧性需求驱使你的人物贯穿故事线的发展。这是他们的目的、使命、动机，推动着他们完成故事的叙事动作。"[①]

与传统影视作品相比，微视频作品中人物的戏剧性需求通常更加清晰、明确、简单，比如《一触即发》中主人公的戏剧性需求是"要在敌人的阻挠破坏中顺利完成交易"，《盖章》中主人公的戏剧性需求是"让每一个人微笑"。

戏剧性需求是指人物想要做什么？其背后则是动机，即人物为什么想要达成这个目标？动机往往来源于人物自身的经历和性格，最好不要简化为单一的、具体的概念解释，否则人物的形象会显得过于单薄。陈凯歌的电影《无极》就将主人公所有的行为归结于小时候被人骗过一个馒头，使得整个人物与故事都难以取信于观众。

---

① 菲尔德.电影剧本写作基础［M］.北京：世界图书出版公司，2012：49.

你，真是棒极了！

图 3-2 《盖章》中休·纽曼饰演的停车场盖章员总有办法让顾客开心地微笑

有时候，人物的戏剧性需求（或称为欲望）会随着故事的发展而发生改变。比如《盖章》中主人公开始的戏剧性需求是让身边的每个人微笑，当他遇到一见钟情的年轻女摄影师时，他的戏剧性需求就是怎样令这个不苟言笑的女摄影师微笑并爱上他。这种戏剧性需求的改变也就成为推动人物沿着故事不断向前发展的动力。

2. 行为动作

你已经完成了人物的性格小传，找到了他想要实现的目标和动机，你对自己创造的人物烂熟于心，但是观众如何认识并感受这个人物呢？唯一的答案就是：他的行为动作。正如享誉全球的著名编剧、制片人悉德·菲尔德曾在不同的著作与演讲中反复强调："动作就是人物"。

影视作品的视觉造型性特点决定了作品是用画面来讲故事，观众也必须通过画面才能了解故事。那么，观众对于人物的认识就只能通过这个人在画面中做了什么及其是怎样做的，也就是他（她）所有的行为和反应来判断认知。因此，我们必须用影像去展现人物是如何采取行动应对各种困难和障碍的。

特别值得注意的是，你的人物不能只是对发生在他（她）身上的事件进行被动的反应，而必须让他（她）处于人际关系的中心，积极应对各种事件，拥有足够的力量导致事件的发生。如果过于被动，人物就容易轮廓模糊，显得消极懦弱，最终会由于主人公身上的力量过于松散弱小，而被其他剧中人物喧宾夺主。因此在创作剧本时，要重视建立在独特个性基础之上的每一个动作，正是它们让观众对人物有更深的理解和认识。而且，在设置主人公与其他人物产生互动时，也要注意，其他人物的行为动作应当是揭示或阐释主人公不同侧面的重要方式方法。

（二）情节

现在你已经有了自己的人物，并且通过对人物性格小传的写作，以及对人物目标、动机与动作的思考，使这个人物变得真实、丰满、生动，当然对他所存在的整个世界也有了相对具象的了解。然后，你需要确定一条故事线，也就是人物的目标方向和发展路线，这是一个怎样的故事？这个故事是怎样向前推动发展的？这就是我们所要考虑的第二步：情节。

"设计情节是指在故事的危险领域内航行，当面临无数岔道时选择正确的航道。情节就是作者对事件的选择以及事件在时间中的设计。"[①]

1. 情节的分类

与传统影视作品相比，微视频作品体量小、时间短，但是情节的重要性与丰富性并未减弱。根据情节的功能作用，可以将之分为三类：

（1）主情节

主情节是作品中最为重要的，往往是贯穿全片的主线，所占篇幅和容量也是最大的。由于微视频作品的时长限制，大多数作品都只设置一个主情节。

（2）次情节

次情节是相对次要的情节，强调的较少，所占据的时间和篇幅也较少。

（3）多情节

多情节是指三个或三个以上具有并列关系的情节，通常采取交叉分叙或搭叙的方式统一在同一个主题当中。

2. 主情节、次情节、多情节之间的关系处理

在主情节、次情节、多情节之间可以尝试四种关系的处理和建构。

（1）次情节与主情节的统一

次情节与主情节在主题思想的本质上是共通的，但在具体的表达上采取不同甚至是矛盾的方式来进行，这样能够对主题起到强化和补充的作用。

多情节之间的关系也可以归入此类。

（2）次情节与主情节的对立

次情节与主情节在主题思想上是对立矛盾的，用次情节来反衬主情节的故事和

---

① 麦基.故事——材质、结构、风格和银幕剧作的原理［M］.北京：中国电影出版社，2001：51.

思想，这样作品就会变得更加丰富和立体。

（3）次情节对主情节的补充

如果主情节为了设置悬念不得不为故事留白，那么这时就必须有次情节来对空白处进行填补，以便保持观众的兴趣，并为后面激励事件的出现做更多的铺垫。

3.情节设计过程与方法：

（1）悬念

①悬念是什么

悬念引发观众的情绪，这种情绪被挑起，就得延伸。编导挑起悬念，观众就希望知道结果。一种迫切的心理，使他们进入"入胜"的状态，在急切欲知悬念真相的状态下，观众必会加倍关注情节；同时，亦对戏中人物、事件、事情产生"感同身受"的感觉。这是观众进入"忘我"的状态。除了开头是"战略重点"之外，剧中转折的地方也是"战略重点"。凡戏必须曲折，平铺直叙就平淡无奇，有曲折之处，就要去阐述。试着把整个故事以最简单、最经济的方法讲述一次，你会发觉那些不可以删减、不可以不存在的情节，就是所谓转折的地方，即要强调的战略重点。当然，最后的结局也很重要。

新人作者常常把"谜底"当成唯一的悬念，迟迟不肯交到读者手里。其实，悬念必须由读者的"预期"来配合，所以，透露一些信息给读者，有时可能比什么都不说更能制造悬念。了解到悬念其实不是单纯地攒着"谜底"不放，作者就可以想办法，将一个信息拆分开来一点点告知读者，这样就可以引出几个层次的悬念，将读者牢牢吸引住。任何故事都有悬念，悬念并不是侦探、悬疑小说的独家专利。每个故事最大的悬念，就是主人公是否能完成他的愿望。如果这个愿望看起来遥不可及，那么读者感兴趣的悬念还要再增加一条——这么难的愿望，主人公要如何达成？作为作者，首先要练就会找悬念的本事。不论是看别人的故事，还是写自己的故事，只有先找到悬念，才能进一步学到如何更加有效地设置悬念、利用悬念。比如，侦探小说天生就有四重悬念可以利用：谁干的；怎么干的；为什么；破绽在哪里。

比如，言情小说中的最大悬念就是：男主角是不是喜欢女主角，女主角是不是喜欢男主角。

比如，传统武侠小说中常常扔出宝藏和绝世武功当作最大的悬念。不论什么书，它都有各种大大小小的悬念。作者只要跟着这些悬念来设置故事，自然而然就能一直吸引读者。

②布局悬念

悬念的制造，需要作者有意识地将一些信息透露给读者，而悬念的加入，也可以让一条直线型的故事，变得曲径通幽、摇曳生姿，吸引读者的注意力。

看下面这个例子：

有一天你下班了，突然有人把你绑架装进麻袋，扔进地下室，彪形大汉把你的四肢固定，你的眼睛被蒙了起来。你正等死，却闻到香喷喷的饭菜味道，你知道这是最后的晚餐，尽情享受美味食物。一切结束，眼罩拿开，你看到面前是老婆。她说：亲爱的，生日快乐！这个故事刺激是够刺激了，但却有点莫名其妙。而如果往这个故事里加一个悬念的话，故事就可以变成这样：

生日那天老婆跟你说会有惊喜。你下班了，突然有人把你绑架装进麻袋，扔进地下室，彪形大汉把你的四肢固定，你的眼睛被蒙了起来。你正等死，却闻到香喷喷的饭菜香味正飘过来。你不知这是最后的晚餐，还是老婆的"惊喜"，你不敢相信却又拼命期待这一切是老婆的安排……一切结束，眼罩拿开，你看到面前是老婆。她说：亲爱的，生日快乐！

你看，只是在开头扔出一个"老婆说有惊喜"这样的预期，就可以让故事一下子变得更加复杂多变，让主角在"这到底是不是老婆所谓的惊喜"这样的有明确指向的疑问中，更加纠结。

③高质量悬念的标准

一是悬念和结局有着很大的距离；二是悬念的解开值得期待；三是悬念有深层的意义或者考验。

下面看这个例子：从前有个国王，在惩罚罪犯时，先把罪犯送进竞技场，竞技场的一端有两扇门，门后分别关着一只老虎和一位美女。然后由犯人自己挑一扇门，如果他选中老虎，那么后果可想而知；如果选中少女，他不但可以马上获释，还可以抱得美人归。一天国王发现有位英俊潇洒的臣子与公主私通，一怒之下，也把这个青年送到竞技场。当命运攸关的这一天来临时，在别无选择的情况下，这位臣子在竞技场上望了公主一眼，公主示意他选择右边那扇门。于是他走过去打开门……故事就到此为止。有一个悬念留给我们：他遇到的究竟是美女还是老虎？

英国电视剧《福尔摩斯探案集》中，也利用了这个绝招，让单纯的碰运气情节，变成了对人心的揣度。罪犯告诉你，两个瓶子中，只有左边的瓶子是毒药，你来选择。你是选择相信他，还是选择另一瓶？但如果他已经料到了你不会相信他，故意骗你怎么办？如果他已经料到你觉得他可能骗你，又故意说真话，又怎么办？层层推演，这样的分析，可比单纯地让你在两个瓶子中选择，要精彩激烈得多。而作者做了什么？他不过是让罪犯和公主多说了一句话而已。你到底选哪个才对？这本身已经是悬念，却还能硬生生再加一层——最诡变的还是人心。

制造悬念的方法多种多样，可能有：

● 预叙；

● 角色的反常举动；

● 突然发现某个特别的小动作；

● 不完整的只言片语；

● 自相矛盾的说法。

总之，只要让读者好奇，让读者追问："为什么呢？""后来呢？""怎么会这样？"你就成功了！

④如何玩转悬念、对照和悬疑

● 强烈对照

对照的作用是衬托、体现差异。俗语说："没有高山，显不出平地！"世事原来都是用比较和对照而显示出来的。戏剧特别喜欢用对照。设计全剧性格时，需用对比方法，使各类性格有强烈差异，多姿多彩。有鲁莽的张飞，可衬谨慎小心的诸葛亮；有不贪女色的武松，反衬专门偷妇人的淫棍西门庆。性格对比，可使人物更鲜明，冲突易于发生。剧中人物多同一类型，不成强烈对比，故事的冲突性也极难发挥，难有好戏上演。另外，情境要有强烈对比。喜乐气氛场面之后，宜有悲哀的场面，使得悲情显著；同样，悲情之后，以喜剧意味缓冲，使两者同时推进。

编剧技巧中，有一种方法叫"喜剧的舒缓"。在紧张之极、期待之极、悲哀情绪之中，来一记小小的"引人发笑的噱头"，能使紧绷的情绪得到一瞬间的舒缓。"引人发笑的噱头"调和气氛，实际增强了气氛。舒缓一口气后，紧张、期待、哀痛的情绪一再被挑起，观众会感觉更加"过瘾"、更加入迷，这也是对比的方法。

写喜剧的方法中，"对比法"用得很多。喜剧演员，用最严肃、最认真的态度去做一些最可笑、最滑稽的事，方产生强烈的喜剧效果。我们看卓别林的《摩登时代》，他在工厂里，面对冷冰冰的机器，以最严肃、最认真的态度干起活来。观众见他严肃、认真的表情，又见他被机械及死板制度控制的样子，忍不住笑了起来。卓别林不需要以夸张的大动作逗笑，一脸严肃也有喜剧效果。听过"冷面笑匠"这个名词吗？严肃地去做荒谬的事，这就有了笑点。

至于写作，也可以用对比方法。写极荒谬的事，宜用最严肃、最认真的手法及语气，透过强烈对比，喜剧感讽刺味油然而生。为荒谬而荒谬，为夸张而夸张，落入俗套，幽默感荡然无存。语言亦需用对比法。一个慢郎中，一个急先锋，两人相持不下，要解决一个迫切的问题，就是观众的兴趣所在。听一个慢条斯理的人说话，又有一个人在急如风火地催促，观众便会感兴趣。从整部戏来看，须常用对比法："没有高山，就没有平地。"节奏和高潮没有起伏，就不是引人入胜的剧本。戏中要有"高山"，更要有"平地"。每一节都是"高潮"，"高潮"便无法凸显，营造"高潮"，要有"山雨欲来风满楼"的平静。建立激烈的感情冲突前，要有似觉安宁实在暗涌的感情作对比。要紧张，就先有松弛；要焦虑，先要安心；要悲痛，先有喜乐，一切都是从对比中见效果。回忆所看过的灾难电影，甚至文艺电影，不难发觉成功的例子都是懂得利用对比的方法。

剧情设计也常用对比法。写一对共患难的兄弟，最宜先写他们起初结仇，誓不两立。前面的仇怨化解，后面的交情更显得深厚；写斗得你死我活的一对冤家，宜先写他们之间最初深厚的友谊，一经转变，便是你死我亡。对比是从生活中体察来的，也是能产生共鸣感的。善于运用对比法，将对各层面的设计有极大帮助。

● 悬疑

运用悬疑法，先了解"如何玩弄观众于股掌之间"这个概念。"玩弄"并非"捉弄"，切勿"捉弄""欺骗"观众，欺骗他们实在罪大恶极。

所谓"玩弄"，解释为设法引起他们看戏的兴趣，增加他们"入戏"的趣味。编剧要把观众捧成"上帝"。编剧要让观众知道剧中人背后的关系，事情的原因，他们看着不知情的剧中人，一步步走向剧情的发展及终点。

编剧把剧情的一部分告诉观众，使他们成为"上帝"，却又不把全部告诉他们。编剧故意留下一些悬念，好让观众猜度和想象，在剧情最后，全部揭晓。这种手法，笔者称之为"玩弄观众"。观众在"玩弄"之中，感到"过瘾"极了，"玩弄"得好，他们赞不绝口。如何做到这一点呢？我们应当运用好悬疑法。

编剧不断给观众提供资料，也不断让观众产生急切期待的心理状态，一如编剧不断给观众出谜语，而观众不断在寻求谜底一样。请注意"期待"这两个字，奥妙就在于为什么观众会产生"期待"。

首先，他们一定对主角产生了兴趣、产生了感情，才有心"期待"将会发生在他们身上的事。没有强烈的感情维系，何必理会呢？其次，发生的事，一定要合乎情理，是他们可接受的。观众都有情理观念，超过能接受的范围，观众就不会关心和期待了。

戏剧之所以吸引人，是先给观众一个大悬念，即该剧最重要的问题及中心思想。问题是一个大问号，答案不止一个（最好只有两个）。编剧提出问题之后，引诱观众去解答问题，最后才揭晓答案，悬念之处是观众永远不可以百分百肯定他猜的答案是"对"或"错"。解开悬念的过程是曲折的，每出戏其实都有一个大悬念，只看明显或不明显。

由此可见，要制造悬疑，便要清楚交代及说明事件。前因后果得介绍清楚，让观众掌握若干关键资料，好让他们有线索可以猜度。

产生悬疑之前须有布局。戏最忌一览无遗，一览无遗便平铺直叙，平淡无奇。"山重水复疑无路，柳暗花明又一村"，有曲折，有奇峰，早留通往奇峰之路，到"转弯"时，才有充足的理由。

悬疑要注意一个"疑"字，"疑"者未定也。俗语说："十五个吊桶，七上八下"是最佳境界。"疑"是一种笼罩在作品及观众心里的气氛，使观众产生疑惑情绪之后但猜不到下文。虚则实之，实则虚之。虚虚实实，让他们一时难以捉摸。

悬疑的技巧，有一个"拖"字诀。"拖"是抑制、拖延。观众追求答案时，心情是紧张的、兴奋的，也是急切的。使这些紧张、兴奋、急切心情"升级"，就得用个"拖"字诀。合理的拖延，使剧情进入紧张之巅峰，危机进入爆发前的最后阶段。

"拖"字诀应用时得小心，太多故弄玄虚的拖延会使观众反感，使用上应照顾拖延的合理性。能否加强紧张的戏剧力，高潮将暴发的必然性与拖延时间的合理程度密切相关。

（2）冲突

小说中一定要有主角同敌对势力的冲突。事实上，正是这种冲突给小说增加了戏剧趣味。每篇短篇小说都是围绕这种冲突构成的，由此可见，每篇短篇小说都必须有三个主要功能部分。

首先是通过告诉读者某件事要被完成来激发读者的兴趣。其次是通过保持读者的兴趣，来拖延对那个问题的回答。在这一系列过程中，这个故事的结局一直留有悬念。

你的任务是为正面人物制造障碍物和对手，并使它们尽可能地难以被除去或克服。

① 冲突分为三类：内心、口头、行动

第一种是内心冲突。比如，他想要伪造支票，以此搞到一笔钱；可是，他内心中又有某种力量阻止他这样做，使他对此迟迟下不了决心。这种力量可以是胆怯，可以是诚实，还可以是精明；但它们都是与他的目的相左的力量。

第二种是口头冲突。例如，比尔·琼斯为了能从银行家那里借到钱，会摆出他能想到的每一个有助于达成自己目的的论点来；而银行家则会提出所有他不借钱给比尔的理由。最后，会有一方在争执中获胜。如果比尔成功了，这次对话就是一次促进；如果银行家胜利了，这次对话就是一次阻碍。

第三种是行动上的冲突。其中，一个人物同另一个人物（无论男女）相斗，因为这个人物妨碍了主角实现自己的即刻目的。在这些场面中，必须有促进行动和阻碍行动的微妙平衡，而这些行动又要看起来真实，请注意：行动不必总是激烈的。每个场面中的促进因素和阻碍因素之所以必须动态平衡，其原因有二：首先，要记住人物陷进了困境中，他必须从中解脱自己。促进因素表现得太多，将会太快地解除悬念。其次，在一个场面中不间断地出现一系列阻碍因素，将使读者感到不可信，除非描写的是一个生性懦弱的人，他不能努力克服任何障碍。

② 冲突如何引人入胜？要有对立和描述

理论是从情节叙述问题发展而来的。读者感兴趣的是"看见某件事正在发生"，看到情节被生动地加以描述。在每场交流结束时，必须有某种进展，达到了情节的某个转折点，作出了某些说明——它们使我们能够理解其后发生的所有事情。在小说开端，通过生动的叙述把这些危局引向一个主要目的，并强调冲突的可能与叙述的统一。你要始终记住主要叙述的问题，不能引进无关紧要的素材，如果小说中的任何部分在展示性格、叙述危局和背景方面不能达到这三条要求中的一条，那无论你多么喜欢这一部分，也要为了整部小说而忍痛割爱。紧凑同样重要。如果小说中有三个场面：甲、乙、丙，乙就必须出自甲，并顺其自然地引出丙。行动一定要是渐进的，去掉了其中的一部分便会毁坏整部小说。这就是说，应当是人物行动产生了危局，而危局又反过来决定着人物的行动。关于重点突出，一篇小说的重点部分是开端和结尾，开端提出了主要问题，结尾回答问题。

（3）故事情节的五部分

每一个故事情节都可以分为五个部分：激励事件、进展纠葛、危机、高潮、结局。激励事件是第一个重大事件，正是因为它的出现才有了后续的一切情节，进展纠葛、危机、高潮和结局这四个因素因为激励事件的出现才得以运转起来。

①激励事件

彻底打破主人公生活平衡的那个事件被称为激励事件。故事开始时，主人公通常生活在一种平衡可控的状态之中，一个突如其来的事件，也就是激励事件却打破了这种平衡，将主人公的生活推向正面或负面的极端。为了恢复生活的平衡，主人公必须得到一种能令他摆脱混乱、使生活重回稳定的东西，而为了得到这个东西，他不得不积极采取行动，排除各种阻碍。

在设置激励事件时，要注意以下几点：

第一，激励事件必须是动态的、明确的，而不能是静态的或模糊的；

第二，主人公必须意识到激励事件会使他的生活失去平衡；

第三，主人公必须对激励事件作出积极反应；

第四，主情节的激励事件必须在作品中予以明确展示，让观众亲身经历；

第五，把握激励事件出现的时机；

第六，激励事件应具有足够的力量将主人公送上满足欲望的求索之路。

②进展纠葛

激励事件使主人公意识到自己不得不去实现的欲望，并开始踏上不可回头的追求道路。这时你已经明确了人物的目标，但是主人公的行动不能一蹴而就，故事要在纠葛中展开，就需要你为他设置障碍，而主人公则要在不断克服障碍中成长。随着事件的发展，人物的能力越来越强，对抗的力量也越来越强，风险越来越大，如此，便构建出一个循序渐进的故事进展过程。

需要强调的是，障碍及其所引发的行动必须是一个螺旋式上升的过程，力度是越来越强的，而不能退回到力量更弱的行动中，只有这样才能推动故事不断向前发展。

障碍所导致的结果就是冲突。冲突主要分为内心冲突、个人冲突、个人与环境的冲突三种。既可以让主人公身上具有其中的一个或两个冲突，也可以三种冲突集于一身。冲突并不意味着故事变得更复杂，也不一定必须增加人物或场景，最理想的结果是故事相对简单但冲突却丰富复杂。

考虑到微视频作品的"微"特点，进展纠葛部分要尽量简单凝练，无法像传统影视作品那样打造出不同层级的障碍螺旋，可能只要一个或两个障碍或冲突的展示就已足够。冲突数量的减少，容易导致进展纠葛部分生硬、单薄，甚至出现概念化的缺点，因此要注意更加巧妙地设计铺陈，使冲突丰富饱满。但是在设计过程中，还要格外注意冲突之间的因果逻辑关系，要体现出各个层面之间的相互联系性。

③危机和高潮

危机意味着两个层面的意思，一是危险，这是千钧一发的决定性时刻，错误的决定意味着永远失去想要的东西；二是机会，因为正确的选择会让主人公梦想成真。

从故事开始到进展纠葛，都是在为最后危机的到来做铺垫，至此故事的主线已经进行到终点，走到这里，主人公发现他现在只剩下最后的行动，就是与最强大的对抗力量进行最终的决斗。因此，危机是故事中最重要的场景。最终采取了何种行动，既是对主人公性格的最深刻揭示，也是对故事中主题思想的最明确解释。

主人公为了应对危机所采取的行动是故事中最重大的事件，也就是故事的高潮。通常危机和高潮都是在最后的时刻才发生的，而且发生在同一场景。

在剧本创作时，如果已经到了高潮阶段，作者也就应该尝试进入一种新的思考状态，也就是"一种从尾到头而不是从头到尾的意义重大的改写状态。为高潮在虚构现实中找到支撑，提供原因及方式。我们从尾到头逆向工作，是为了确定：通过思想和对立思想，每一个形象、节拍、动作或每一行对白，都与这一宏大的结果有关，或是为其设置伏笔。所有的场景都必须比照这一高潮确立其存在的理由，无论这一理由是主题方面的还是结构方面的。如果把它们剪掉并不影响这一结局的冲击力，那么就必须把它们剪掉[1]。"

④结局

结局意味着一种解决方法或解释。你的故事经历了激励事件、进展纠葛、危机和高潮，最终是如何解决的？一个好的结局要能够满足故事的叙事需求，应当能够有效地解决问题，并且真实可信。罗伯特·麦基曾转引威廉·戈德曼的观点：所有故事结局的关键就是给予观众想要的东西，但不是通过他们所期望的方式给予。也就是说，在结局的具体设计上，要尽量采取"意料之外，情理之中"的方法。

悉德·菲尔德则认为，"什么是写作电影剧本开端的最好方法？要清楚地知道你的结尾，结尾通过结局来展现，而结局则孕育于开端"。因此，在写作之初，就应

---

① 麦基.故事——材质、结构、风格和银幕剧作的原理［M］.北京：中国电影出版社，2001：363.

该对故事的结尾有足够的把握，因为这是故事的发展方向。

结局可以分为封闭式结局与开放式结局两种。封闭式结局是指故事的结尾回答了所有提出的问题，并满足了观众的所有情感，其结局是单一明确的，不会令观众产生歧义；开放式结局则不同，是指故事的结尾没有解决所有的问题，或者没有真正的结局，观众可以根据自己的理解想象出不同的结局。采取哪一种结局方式要根据故事的需要来决定。

微视频作品情节设计时应注意：1.避免前史拖沓；2.切勿喧宾夺主。

在写作过程中未能明确自己的情节主题也是常见病之一。一个小小的微电影剧本是没有过多篇幅让你游离核心情节线的，必须集中笔墨来展开预设的情节主题，而不能让情节副线占据过多的笔墨。

（三）**结构**

"结构是对人物生活故事中一系列事件的选择，这种选择将事件组合成一个具有战略意义的序列，以激发特定而具体的情感，并表达一种特定而具体的人生观。"[1] 对于一部影视作品而言，结构就是骨骼和主干，是确立作品基本风貌和风格特征的最重要的方面。微视频作品在剧本创作时要遵循影视创作的一般规律，但也要照顾到其独特的"微"特点，应更加注重其结构的精微巧妙，力图做到简练而不落俗套。

对于常规的微视频作品而言，为了突出其"微"特点，满足观众利用碎片化时间进行碎片化欣赏的需求，我们要努力从以下两方面考量。

第一，短、精、碎。微视频作品讲究的是"速战速决"，从内容到形式突出"短、平、快"的特征，力图用"短、精、碎"的设计争取达到"秒级"叙事的可能。这是由碎片化时代现代观众的欣赏喜好来决定的。要达到短、精、碎的效果，就要注意突出核心内容，强调关键叙事点，"有戏则长，无戏则短"，大幅省略冗余铺陈和介绍，使故事更加紧凑。

第二，精心设计反转情节。精心设计反转情节，更容易使故事紧凑，有节奏感，更能在较短的时间里吸引观众，并使其对故事有更清晰的把握和了解，因此微视频作品在进行剧本创作时就应该对反转情节予以足够重视。

从大的方面来看，与影视剧本一样，微视频作品剧本的结构可以分为线性叙事

---

① 麦基.故事——材质、结构、风格和银幕剧作的原理［M］.北京：中国电影出版社，2001：39.

和非线性叙事两种。

1. 线性叙事结构

线性叙事结构是指以故事发生的时间顺序为线索，以故事发生的因果关系为动力，以"开端—发展—高潮—结局"这样的逻辑顺序来组织情节，追求情节上的环环相扣和完整的故事结局。

线性叙事又可以分为两种：

①单线叙事

这是最简单的结构方法，故事以单一的线性时间展开，很少设置打断时间进程的叙述，也不会做多于一条线索的设置。

②双线叙事与多线叙事

设置两条或多条叙事线索，进行分别叙述，每条线索都串起若干细节单元，两条线索之间既可以平行展开，也可以交叉重叠，相互衬托。但是每条线索都要按照时间顺序与因果逻辑来进行。

2. 非线性叙事结构

与线性叙事结构相比，非线性叙事结构更复杂一些，单一的时间向度被打破和解除，时间成为不连贯的片段并产生前后颠倒，故事的因果逻辑被主观的心理逻辑所取代，以致观众无从判定什么发生在前什么发生在后。因此，非线性叙事结构往往更加注重非理性的直觉或本能，逻辑性与戏剧性被消解，偶然性得到增强，而线性结构相对单一的内涵也变得更加复杂。

非线性叙事结构也分为三种：

①散点式结构

散点式结构采用一种发散思维方式来架构故事，整个故事围绕一个中心点辐射出多条叙事线索，叙事空间相对复杂多变，在时间上呈现出非连续性、片段性，各片段之间互不关联，自成一体。

②环扣式结构

环扣式结构是采用一种圆形闭合思维来组织故事，情节一环扣一环，最后的环节又回到最初的开始，一条简单的线变成循环往复的圆。在这条线进行的过程中，会出现许多离奇的悬念吸引观众，直到线变成圆，隐藏在其中的所有伏笔才一一显现出来。不可缝合的环形结构通常体现了"时间轮回""命运偶然性"和"罪恶暴力循环"的叙事隐喻，其表意功能往往具备宗教直觉的悟性和禅意。

③复调式结构

复调式结构采用的是一种多线叙事，每条线索涉及的内容和领域不同，比如叙事、心理、哲理或梦想等，它们之间相互结合、共同发展来表达作品的某种意境。复调式电影更着眼于表达看不见、摸不着的更深层次的东西。

非线性叙事结构可以通过以下技巧来实现：

①不同颜色的转换

使用不同颜色进行时空上的区分，表达不同故事情节或内心感受是常见的方法之一。比如用黑色或白色分别表达虚拟世界与现实世界。

②蒙太奇剪接技术

通过蒙太奇达到时空转换，或线索并行，或按照一定的主观规律来进行。

③自由穿梭的特效

使用特效表达时空的自由穿梭，制造奇特的视觉效果，也是在特技发展后常用的方式方法。

随着对影视艺术与技术的深入探究，除了上述几种方法，越来越多的新技巧被发掘出来，尤其是文艺与实验类型的作品更是乐于不断尝试各种超验的、反戏剧性的、反逻辑性的新结构方法。

（四）主题

主题是作品的灵魂、主宰，是创作的动因与最终目的。从故事开始到结束，你都应当明白为什么要进行这次创作，这个作品是关于什么的，你想要表达一种怎样的价值观念，每一位剧作者都要围绕自己对人生价值的认识来塑造人物和展开故事。你想通过作品来表达的价值观念或思想内涵就是作品的主题。

中国传统艺术领域有"由技入道"的说法，如果把前面讲述的人物、情节、结构的部分称为"技"，那么主题就可以称为最后的"道"了。这也是剧本创作中难度最大也最难以捉摸的部分，因为主题看不到摸不着却又实实在在地存在于故事发展的每一步进程当中。

关于主题，需要我们注意的是：

1. 主题与题材密切相关

题材内容的选择决定了主题的方向和基调。"故事必须抽象于生活，提取其精华，但又不能成为生活的抽象化，失去实际生活的原味。故事必须像生活，但又不是分毫不差地照搬生活，以致除了市井乡民都能一目了然的生活之外便别无深度和意味……纯粹罗列生活中发生的事件绝不可能将我们导向生活的真谛。实际发生的事件只是事实，而不是真理。真理是我们对实际发生的事件进行的思考。"[①]麦基的这段话道出了题材与主题的关系。

因此，我们应该先深入挖掘生活，从中找到你认为值得表达的见解、价值和意义，然后创造一个故事载体，通过故事把你的见解、价值和意义表达出来。非商业作品的传统主题主要有：人性、复仇、青春、社会现实批判、人与环境的冲突与和谐、救赎、宗教等，至于寻找怎样的故事作为载体，则要根据每个创作者对生活的理解和喜好来决定。

2. 清晰明确

关于主题，初学者容易犯的一个错误是力图在故事中表达的主题过多，总希望通过一部作品就能够面面俱到地表达自己对于生活有多么热爱或失望，或者对生活有多么深刻的认识、理解或批判，但结果却往往是观众看完作品，却莫名其妙不明所以。

如果你只有一个清晰明确的主题，所有的人物、情节和故事都是围绕着这一个主题，就会把这一个主题阐释得更加全面深刻，观众也就会更容易领会其中的内涵，并乐于接受你的观点。如果在一个故事中塞进去的思想内容过多，它们之间就会相互消解，最终作品成为没有逻辑性的主题堆砌。并且，在表达这一明确主题的过程中，要清醒地意识到，在这个故事中，哪些有助于表达主题，哪些与主题无关，如果出现无关的情况则必须毫不犹豫地将之删掉。

3. 避免说教倾向

说教倾向是另一个要竭力避免的错误，尤其是当剧作者在写作之前就已经热情澎湃地想要对观众传达，甚至是灌输某一种思想的时候。主题先行曾是备受诟病的做法，但是如果能把主题与故事巧妙地融合在一起，在创作之初就有了明确的主题思想亦未尝不可。可怕的是，你在写作过程中，为了急于表达所谓的深刻思想内涵，而在故事设置中压抑对立一方的声音，让主人公喋喋不休地大加议论，把作品变成了用影像叙述的学术论文，枯燥乏味，完全抽干了故事的魅力。

解决问题的关键是，不要让自己成为所要表达观念的奴隶，而要沉浸在自己所营造的故事、生活和人物当中，不要把你的主题直白强硬地说出来，而要看主人公

---

① 麦基. 故事——材质、结构、风格和银幕剧作的原理 [M]. 北京：中国电影出版社，2001：31.

在战胜所面临的强大反对力量时如何表现出来。

在写作的过程中，主题总是如草蛇灰线一般隐藏在人物的塑造、情节的发展与结构的设计当中，如果你将你的主题通过人物的口直接地展示出来，这部作品就会显得单薄而蠢笨。即使是在时长很短的微视频作品中，主题也应该是如盐化水、无迹可寻，却能令品尝者真正体验和感受到舌尖的滋味。

找准主题其实是一种思维习惯，一种透过现象看本质的思维习惯。要建立起这种思维习惯，我们需要具备以下几点：

1. 丰富的生活阅历

生活既是艺术直接的源泉和基础，也塑造着艺术家的世界观、人生观和价值观，使其对世界有更深刻的认识。任何一个剧作者在作品中表达的都是自己对人生和生活的认识、体验与思考，这一点在主题的挖掘与表现上尤为直接。因此，丰富的生活阅历是剧作者创作具有深刻内涵作品的前提。

2. 深厚的知识积累

剧作者的写作内容可谓包罗万象，因此，深厚的知识积累是必须的。除了认真学习相关影视理论与技巧，还要对哲学、历史、文学、艺术等其他领域的学识有所了解和涉猎，并对人类杰出的文化作品进行深入的探究，因为它们饱含着对人类中心命题的深刻探寻，对剧作者的思想无疑会起到丰富充盈的作用。

3. 多维的思考视角

主题自身是具有多义性和模糊性的，"有一千个读者就有一千个哈姆雷特"，同样的故事提供给不同的剧作者，可以被解读出不同的主题；而同一个主题交给不同的剧作者，也可以有完全不同的故事载体。因此，剧作者要学会采用多维的视角看问题，而不能使用"一刀切"的是非观。

4. 故事本身契合度

最后需要注意的一点，也是最为直接的一点，就是故事载体与主题之间的契合度。从某种意义上来讲，故事与主题是形式与内容的关系，二者是相辅相成、相得益彰的。从写作之初，就要考虑好两者的匹配程度，如果先有了故事，就要从中提炼出表达最充分最深刻的主题，如果先有了主题，作为命题作品，则应筛选最能表达它的故事。如果故事与主题张冠李戴，结果必然是观众不明所以，自然也就谈不上欣赏效果了。

（五）文本

以上笔者从人物、情节、结构、主题四个方面谈及了微视频作品剧本创作的方法、过程及注意事项，最后给大家的一点建议是：在开始练习写剧本时，可以尝试逆向思维，也就是一反影视创作从剧本到影像的过程，先找来经典作品，一边看作品，一边试图用文字记录成剧本。这样的练习方法既能帮助你掌握剧本的写作格式，更重要的是能够学习成功范例，切实提高剧本写作的思维水平。

（六）支着案例

我们从《沉默的羔羊》的编剧来看看如何写一部惊悚（恐怖）剧本。好的惊悚恐怖片的关键可能是角色的人性。在悬疑元素里，观众自己完成叙事体验非常重要。编剧永远比不上观众的设想。其实恐怖片的尸体数量可能比动作片少多了，暴力和悬疑是要考虑效果最大化的，让人们对杀戮、死亡的印象深刻——"真是够了，我不敢看了"。不过，有时候此时无声胜有声，就像《沉默的羔羊》一样，几乎没有太暴力的场景。编剧认为暴力需要铺垫，而不是一言不合就打架；有些时候几个场景就够了，但是最终暴力的呈现也是要有意义的。希区柯克提出，布景和细节应"去发掘任何可以和角色或者场地产生关联的元素，这是一个规定"。现在的编剧卖的是画面式小说（因为观众想看），也就是说，要用画面和形象来表现，而不是靠叙述来阐释作品的思想和主题。

1.怎样写具有"真实感"的故事

你要想准确地描绘出一幅幅场景，使人物真实可信，就要充分利用"五感"。人们往往在自己的视觉、听觉、嗅觉、触觉和味觉中进行着日常工作。"怎样才能让事情看起来真实可信呢？"如果有人进一步对编剧说，"我好像身临其境，能够听到、嗅到、感觉到这些地方，就像走进了小说的书页中"，那么这位编剧给读者的东西就的确非同寻常了。

一些作者总意识不到应利用读者的五种感觉来获取真实感。利用读者的视觉感受是常见的，但是利用读者的嗅觉、听觉（除了在对话中）、触觉或是味觉，又有几次呢？想象当一个人打开冰箱的时候，腐烂的水果的味道是怎样的；当一个人剥一只死去的动物的时候，那腐臭的脂肪是什么味道；当一位妇女在无人服务的加油站给油箱加油的时候，手上沾满了汽油味……

又比如，"在争吵的时候，劳拉还一边往罐子里装着泡菜。当她在大声吵嘴的时候，可能会烫伤手，然后把手伸到冷水里冲洗。当然，她也可能正在往泡菜里倒盐水，并且洒了一地，然后还要擦干净。她还在粗棉布制的围裙上擦干她的手。她可以擦拭从额头（热热的，痒痒的）上流淌下来的汗水，她可以一边叫嚷，一边挥舞手中的勺子（坚硬的，木柄的），并向男人扔去。"这些情节的表现都会增强视觉效果。

2. 如何写出有趣的开端

那么多的作者没能为读者写出有趣的开端，主要原因在于，他们用叙述代替了形象的描述。叙述只是简单地按照顺序来列举事件，在本质上是全景的。用全景的手法，作者只说发生了什么事，这是历史学家和报社记者用的手法，叙述手法强调的是聚合的结果。而用形象的手法，聚合本身被表现为事件，作者只在必要的时候才插入说明性的评论。这种形象化的描述标志了小说写作技巧方面的巨大进步，它带来了现代短篇小说在篇幅上的扩大。从坏的方面说，形象化地描述那些本身并没有趣味的题材，这是不好的；而从好的方面讲，形象化描述代表了艺术技巧，消除了"说明性材料"中的乏味之处。由于小说开端部分很自然，主要由造成一系列次要危局的"说明性材料"构成，形象化的描述在这里就发挥了最大的作用。作为短篇小说作者，如果你想使自己成功，就必须掌握这一基本事实：叙述目的就是情节里的主要危局，而每个情节危局都是不同力量之间交流的结果；如果有被加以形象化描述的交流在这种情节危局之前被展示，就会收到最大的效果。开端最重要的功用是，通过描述细节，使读者提出一个情节问题，你越快做到这一点越好。以尽可能有趣而合情理的方式，以包括人物、场景或有关环境的说明性材料为背景，尽早提出全篇小说的主要叙述问题。这样，读者看到了主要叙述问题、冲突也得到了预示。这就是写出好开端的唯一秘诀。

3. 如何用照片讲好一个故事

（1）明暗对比

阴影会创造出一种奇妙的神秘感。因为我们无法看到隐藏在黑暗中的东西，所以会更想了解，引发好奇，使人们引发一系列的联想。当然这个联想可能对于每个人来说不同，但是总是能让人们不只是停留在照片的画面本身。

（2）制造画外信息

摄影就像是一部戏剧，一张照片在记录所见事物的同时，通常也会涉及观众看不见的地方。在拍照时，构图上采取局部与整体相结合的方式，能起到暗示的作用，让观众感受到取景框以外的故事。

（3）用天气加强照片的故事性

我们高中语文在分析散文、小说的时候，经常会看到如下标准答案："环境对于故事的烘托作用""环境对于人物心情的衬托作用"。与之类似，天气对交代故事背景、烘托气氛也能起到比较好的作用，下雨天、下雪天中，照片更能带动读者的情绪。此外，夜晚的气氛也能更好地勾起读者的情绪。

（4）用第三视角记录

让你的角色融入一个现实情景中，给他／她设定一个情节，让他／她按照平时的习惯去发挥就可以。举个例子：他／她坐在公交车上，在靠窗的位置，望着夜幕降临的城市，一副若有所思的样子，故事感马上就来了；过马路的时候，以旁观者的角度抓拍。实际上，这种第三人的视角，就是读者平时观察的角度，更容易引起共鸣。

（5）动静结合，虚实相生

图片是静态的，但是如果能让人在静态中感受到动感，那么，这将会是一张好照片。可以选择车水马龙的场景，与静止的人物相搭配，能体现出人物的某种情绪，带动读者也进入一种能感同身受的境地。

4.如何制造电影感

想给人带来电影的感觉，剧情的设定非常重要。有了剧情，故事的感觉才会出来。电影的评判标准，很大程度上就是故事讲得好不好。除了自己设置故事以外，还可以借用大众熟悉的、经典的电影剧情，为读者找到更强的代入感。

（1）模仿色调

暗黄暗绿色调、动漫风格色调、复古色调、黑白色调、日系色调、欧美风格色调等，各种色调都会带给人们不同于普通色调的感受。因为我们所理解的某些时代特色，就是由色调而区分开的。比如20世纪80年代的色调整体上是灰色的，而大上海给人的色调即灯红酒绿。

（2）联想动作

动作交代了画面中人物正在做的事情。有一些动作，能让你联想到下一秒要发生的故事，所以一下子就能把你带入故事当中。

（3）电影海报

可以通过模仿和翻拍电影的宣传海报来把角色带入电影故事中。

（4）背影

背影是提升照片故事性非常强有力的元素，可以感受一下。

（5）字幕与尺寸

这是所有制造电影感的方法中最简单的一步。生活中的一张随拍，然后调整成接近 16：9 的长宽比例，加上黑边和字幕，电影的形式感油然而生。前两年非常受欢迎的足记 APP 就是通过制作电影感的照片而流行的。

除了上述技巧以外，想要拍好一张有故事的照片，主题构思、精心策划、道具准备以及让很多人头疼的后期制作，都是必要的环节。

三、导演艺术

导演是影视作品的灵魂与统帅，不仅要负责作品整体艺术构思和技术实现，还要掌控剧本的定夺、演员的选定、场景的选定、团队的组织协调等工作。一部完美的影视作品，离不开导演全方位的工作。对于微视频制作而言，很多时候导演还往往兼任编剧、摄影、剪辑等工作于一身，导演的素质更是直接决定了作品的水平。

影视作品的制作过程通常分为三个阶段：前期筹备阶段、中期拍摄阶段、后期制作阶段，微视频作品的制作过程也同样如此，导演的工作就贯穿于这三个阶段中。

（一）前期筹备阶段

导演作为作品的核心和关键，必须在前期对所有相关的事项做好充分筹划准备，并烂熟于心，才能在现场拍摄时不至于手忙脚乱，被细节所掣肘。尽管微视频作品的规模较小，所涉及的内容也相对简单，下面这几个方面同样也是导演在前期筹备阶段必须面对的。

1. 剧本

（1）选择剧本

剧本的来源渠道可能是制片人、广告商或其他委托方提供的剧本，也可能是导演参与合作甚至是导演自己编写的剧本。微视频作品中相当一部分是导演自己编写或参与合作的剧本，这样在对剧本的把握上就具有先天优势。

如果是需要导演自行选择剧本，大致来讲有以下几个注意事项：

第一，符合当前观众的喜好。

微视频作品通常是在移动终端播放，受众以年轻人为主，因此在选择剧本时应考虑到受众尤其是年轻人的欣赏习惯。

第二，符合播放平台的要求。

微视频作品播放平台是否有具体的要求？拍摄的时长、风格，以及拍摄的目的分别是什么？要做到心中有数，在选择剧本时就要考虑到播放的要求。

第三，符合预算成本的需要。

除了大品牌的具有商业营销目的的作品，通常一般的微视频作品预算成本并不高，导演在选择剧本时要注意这一点，如果剧本在拍摄时超出预算，必然会面对无以为继的尴尬局面。

第四，能激发导演的创作欲望。

由于作品的最终呈现效果很大程度上取决于导演，而属于艺术创造领域的微视频拍摄需要的不仅仅是理性的分析，还要有感性的情感投入与灵感介入，因此选择能够激发导演的创作热情和欲望的剧本是拍摄出好作品的前提。

（2）分析剧本

剧本确定之后，要对其进行详细的分析，主要涉及以下几个方面：

①提炼主题

主题的设置会直接影响到情节的安排和叙事的结构。尤其是微视频作品由于时长短，如果主题过于芜杂，则观众会产生理解上的混乱；如果主题过于单薄，却又会产生说教的倾向，令观众失去观赏兴趣。因此，导演必须在拿到剧本之后，从剧本提供的故事当中提炼出一个明确、简练、清晰并且具有一定意义和价值的主题，然后以此为中心构思整部作品，与主题无关的内容再精彩也必须舍弃。

②设置情节

情节是推动整个故事向前发展的逻辑和动力。设置巧妙的情节能够使观众对作品产生浓厚的兴趣。微视频作品设置情节的特点，一是情节点[①]较少，一般情况下，一个或者两个情节点就足够，情节点设置过多，在相对较短的时长内会给观众眼花缭乱却不够深入或不好理解的感觉；二是因果逻辑要清晰，能够刺激观众不断追问：接下来会怎样？而不是逻辑混乱，让观众摸不到头脑，失去情节预设效果。

③塑造角色

在众多造型元素中，最能体现导演构思立意，也最受观众关注的，无疑是剧中的人物角色。导演在进行剧本分析时，要把很大精力放在人物角色的塑造上。人物主要是通过表情、对白、动作，以及环境、道具等因素来塑造，除此之外，导演还要考虑怎样用故事来塑造人物，也就是面对巨大压力或阻碍时，剧中人物做出了怎样的行为动作。正如悉德·菲尔德所说："电影即行为，动作即人物，人物即动作；

---

① 情节点是悉德·菲尔德在《电影剧本写作基础》（第126页）中提出的概念，它是指"任何一个偶然事故、情节或大事件，它'钩住'动作并且把它转向另一个方向，起到承上启下的作用。"

一个人的行为，而不是他的言谈，表明了他是什么样的人。"①

④选择形式

同样一个故事，用不同的方式表达会产生不同的效果。因此，为你的故事选择最合适的外在表达形式是导演在分析剧本时应考虑到的。作品风格是幽默搞笑的还是严肃正统的？采用第一人称还是全能视角？或者尝试一种实验性的新表达方法？表达形式的运用得当会为作品起到锦上添花的作用。

2. 团队

（1）搭建团队

影视是群体性创作，任何一个作品都是导演、编剧、摄影、演员、灯光、美工、化妆、服装、道具等诸多工种共同努力的结果。即使微视频作品的团队规模较小，但也不可能由导演一个人全部包办。在选择团队成员时，导演要考虑到以下两点：

①专业技能的水平

各个工种的专业人才的水平直接决定了作品的水平。因此搭建一个技术水平过硬的团队是作品成功的前提。大品牌商业营销类型的微视频作品制作团队在组建时，广告商可能会对团队成员提出相对明确的要求，如果是导演具有完全自主权的作品，则可以根据需要寻找熟悉的同学朋友，因为你对他们的专业技能水平与做事的风格特点更有把握。

②人际关系的沟通

在选择团队成员时，除了专业技能水平，导演还要考虑他们的性格特点、价值观念是否吻合——在作品拍摄过程中，压力无时不在，信念、情绪等会影响到整个团队的工作状态，如果沟通出现问题，作品的质量自然也会受到影响。因此，一定要慎重考虑是否起用心理素质差、对拍摄不够热爱、功利心太重、责任心不强的人。

（2）选择演员

演员是作品中最吸引观众目光的焦点，所以才有"选好演员，电影就成功了四分之三"的习惯说法。

①符合故事需要

演员的外形、身材、气质、年龄等是否符合故事中人物角色的需要是选择演员时应首先考虑的，否则会增加很多不必要的麻烦，化妆、服装、道具都需要付出更

---

① 菲尔德.电影剧本写作基础［M］.北京：世界图书出版公司，2012：54.

多成本，结果还可能是事倍功半；另外，还要重视试镜，因为人在镜头里外貌感觉会发生一定的变化，尤其是青春偶像剧，更要经过摄像机的检验才行。

②符合预算成本

演员阵容是直接由预算成本来决定的。不同层级的演员在片酬上可谓天壤之别。只有投资庞大的商业作品或者具有非同一般的制作背景的作品才能够邀请具有明星效应的著名演员，而低成本的微视频作品很多时候连职业演员的预算都没有，只能用非职业演员，有时候更是直接请家人或朋友来帮忙客串。

③具有表演才能

挑选每一位演员都要考虑其表演才能，也就是能否胜任角色表演的需要。由于微视频作品被低成本预算所限制，常常采用非职业演员，就更需要导演在选择演员上花费心思。有的人可能没有受过专业训练，但天生有镜头感，反应灵敏，也能达到较好的效果。

④能否和谐相处

每个剧组都是一个小社会，需要每一位成员的协同合作，为了让演员以最好的面貌呈现在镜头前面，从导演、摄影到化妆、道具，甚至是群众演员都付出良多，如果演员迟到旷工，或者自我感觉良好，不尊重他人，就会导致合作不愉快，影响到作品质量。因此人品和性格也是导演在选择演员时要考虑到的。

3.构思

（1）导演阐述

导演阐述是导演构思的起点，也是最直接表达导演对作品想法的文字表述，还是在拍摄过程中的总体依据，因此要给予相当的重视。导演阐述要注意以下几点：

①内容全面、具体形象

导演阐述没有统一的内容与格式规定，但却是导演在真正开拍之前对自己的一个核查和拷问，因此在内容上应尽量全面一些，比如作品的主题立意、基调风格、情节结构、人物塑造、场景设计、摄影录音、音乐美术、化妆道具等诸多相关方面的要求都要包含在内。如果导演在写导演阐述时能够解答所有能够想到的问题，那么在真正拍摄时就会心中有数，做到井然有序，不至于状况百出、手忙脚乱。

导演阐述还要注意写得具体形象，针对性要强，具有可视可感的特点，而不能过于抽象化和概念化，否则就容易成为空洞的口号，只能作为一纸空文，缺乏拍摄的指导性和实用性。

②一目了然、方便沟通

导演阐述是导演对整部作品的全面表达，比口头传达更正式，因此能够起到良好的团队沟通作用。为了让沟通更有效果，在写导演阐述时，就要格外注意系统性、条理性、翔实度和清晰度，以便让所有参与作品的工作人员对自己的工作一目了然，并明白如何与团队中其他成员更好地配合。

③不断完善、相对稳定

导演阐述是导演在正式拍摄前对艺术构思总体上的基础设计，并非一次性的思维成果，写完导演阐述作品也不意味着就一锤定音了。一方面，在前期筹备阶段，导演会不断地与各部门的工作人员，如摄影、演员、录音、美工等，进行反复地沟通讨论，导演阐述的内容也会因此不断修正、调整、完善。但是另一方面，导演的构思也不能随意变化，不能轻易地否定或质疑导演的权威，否则整个创作团队会各行其是、杂乱无章，团队的工作质量和效率也就无法得到保证。因此，除非有重大意外出现，导演的构思与阐述应当是一个在相对稳定的前提下不断进行完善和提升的过程。

（2）分镜头剧本

剧本为拍摄奠定了基础，但是还不能直接用来拍摄，而分镜头剧本就是将文字转换成视听形象的中间媒介，是将文学内容转化、分切成以镜头为单位的连续画面，以供现场拍摄使用的工作剧本，是用于导演处理集美术设计、动作表演、对白、摄影、特技处理、剪辑、配音、音效提示等内容于一体的工作蓝本。分镜头剧本的创作是影视作品创作的重要环节，同时也是导演的构思在拍摄前的最终体现。分镜头创作除了创作流程之外，还会涉及导演统筹、场面调度、文学、视听语言、美术设计、动作表演、摄像和剪辑等诸多方面的专业知识，对导演提出了较高的综合素质要求。现在很多导演怕麻烦，不愿意写完整的分镜头剧本，但作为初学者，并考虑到微视频作品本身体量较小，还是鼓励大家在拍摄前尽量创作分镜头剧本，可以借由这个写作过程，把前期的文字思维方式转换成影像思维方式，有利于拍摄的顺利进行。

①格式内容

分镜头剧本设计需要在画框内画明角色与场景的关系，以虚拟的机位来显示出景别的大小、角度的变化、摄影机的运动轨迹、角色动作的起始位置、连续表演动作等要素。分镜头剧本多绘制于分镜表上，分镜表格式多为横竖两种，包括镜号栏、画面栏、内容栏、对白栏、时间栏、特效栏等内容。

分镜表的填写要求如下：镜号栏用于标明镜头序号；画面栏用于绘制影片画面的内容设计，包括构图、景别选择、视角变化、动作表演、摄影机运动轨迹设计等；内容栏需要写明动作提示，与画面中的动作呼应，并起到补充说明的作用；对白栏写明对白、独白、旁白、作曲、音效；时间栏写明该镜头的长度，多以秒为单位；特效栏写明该镜头需要的特效及用法。在画面分镜中还将剪辑的任务提前完成大部分，镜头之间的衔接、叠、划、淡入、淡出等都需要在台本中指示或标明。

②注意事项

在制作分镜头剧本时，要注意以下几点：

第一，要充分体现导演的创作思想和创作风格。分镜头剧本不是对剧本的图解和翻译，而是要摆脱文字思维方式，转换成蒙太奇思维和技巧对剧本进行再创作，要把画面的可视效果表达出来。这就需要较高的想象力和创造力，也正是因为这种想象力和创造力才形成了导演自身的风格和特点。

第二，画面的描述要简洁清晰。把导演意图、故事与人物交代清楚就达到了分镜头剧本的目的，如果细节太多反而会起到喧宾夺主的负面作用，因此要避免交代过多细节。当有特殊要求时，则要进行补充说明。

第三，分镜头之间的衔接要自然流畅。分镜头剧本是将剧本文字叙述切分成若干单个镜头的连接之后呈现出来，因此要格外注意单个镜头之间的关系，找到单个镜头之间的衔接点，如动作、情绪、语言、声音、场景等，这样才能使叙事清晰，不产生歧义，也才能保证视觉的连贯和听觉的顺畅，从而正确传达导演的意图。从这个意义上来讲，分镜头剧本的创作可以算是作品前期的第一次剪辑处理。

（3）场景

场景不仅为故事的发展提供了空间环境，还会对故事的情感基调起到影响。对场景的选择或搭建，需要考虑到以下几点：

①剧情需要

场景必须严格根据故事发展的需要来决定，要结合剧情内容来选择或设计，不能仅凭主观臆断，否则环境与故事和人物会产生各种不协调，影响作品的观赏效果。

②预算成本

成本是选择场景不得不考虑的前提。绝大多数微视频作品的成本都比较低，在选择场景时也要量力而行，要学会因地制宜，利用现有条件进行适度加工与改造。

③创作时间

创作的时间周期也要把握好，如果是按时创作的作品，由于时间限制不能重新搭建或制作，就要适当调整导演的创作构想，把完成作品作为首要目标。

④现实条件

选择场景还要全面考虑现实条件是否允许，尤其是选择外景时，受到的现实约束会更明显。为了拍摄效果，选择外景时需要导演、摄影、美工、灯光、录音等不同职能部门的工作人员共同参与，以确定能否满足摄影、录音等的需要。另外，还要考虑到摄制组工作人员的生活是否便利，运输、水电、吃住等基本条件是否能保证，否则就要根据现实情况对剧本作出相应的修改和调整。

经过对剧本的选择和分析，搭建好团队，导演对作品有了全面把握和深入构思，相关场景也做好了准备，预算、设备等其他相关工作也陆续到位，下一步就可以进入真正的拍摄阶段了。目前，业界对前期筹备的重视还普遍不够，这是当前作品艺术水平不高的重要原因之一。总而言之，前期筹备越充分，拍摄阶段就越顺利。

（二）中期拍摄阶段

中期是整个剧组进入拍摄地点进行现场拍摄的阶段。导演的创作意图要在这一阶段得到实现，而前期所有辛苦烦琐的筹备工作也要在这个阶段转化成具体的实践结果。现场拍摄工作是围绕导演这一灵魂人物的指挥调度展开的，因此这一阶段将对导演进行全面考量，除了专业技能水平，还有团队沟通协调能力、公关能力、反应能力、决断能力等，是展现导演综合能力的重要环节。一般而言，微视频作品在拍摄难度上可能相对较小，技术要求相对较低，团队人数较少所以管理难度也相对较低，但是它与传统影视拍摄阶段所涉及的基本内容却没有太大的不同。

1. 管理协调团队

任何一个影视作品，即使是时长再短的微视频作品，也都是不同的职能部门或工作人员集体工作的成果。作为团队灵魂的导演，要负责作品的整体规划、现场调度、团队沟通管理等诸多方面。导演要根据拍摄的具体需要，把每个人的工作职责范围予以明确，使每个成员既要各司其职又要有良好的团队意识，使团队保持顺畅高效的工作状态。因此优秀的导演，不仅具有很高的艺术才能，还必须具备出色的领导才能、高超的公关能力和较强的协作能力，能够有效地调动摄制组中每个成员的工作积极性，有效地发挥所有合作伙伴的艺术才华和创作热情。

影视作品是不同艺术类型创造性综合的结果，导演对团队的协调管理实际也是不同艺术类型进行融合的过程。导演要在总体构思的指导下，使各个主创人员熟练运用各自的艺术语汇，并用其他相关艺术手段共同形成新语汇，从而形成一种协作的合力。如果导演没有充分运用与协调不同艺术类型语汇的能力，就会导致有的艺术类型在综合过程中埋没了自身的艺术个性，而有的艺术类型则因过于彰显自身个性而影响综合语汇的表达效果，或者不同艺术类型之间不能很好地融合甚至发生相互抵触、排斥的现象。影视作品作为综合艺术的优势和长处能否发挥出来，最终取决于导演的能力。

2. 指导演员表演

所有的演员都渴望自己的表演得到认可，而导演的认可尤为重要，在拍摄现场，导演的指导和认可是演员得到外界评价的唯一来源，对其表演效果有着决定性的影响，而演员的表演效果则直接决定着作品的成败。好的导演能够充分发掘出演员的表演潜力，使演员的表演为作品锦上添花。

（1）与演员的沟通磨合

要想使演员充分把握人物角色，并通过对人物的塑造实现导演的创作意图，就需要导演反复与演员进行深入的沟通交流，并给予有效的指导和示范。

①现场排练

鉴于微视频作品的低成本，最好把排练安排在现场，这样在排练的时候，摄制组的主创人员就可以在一旁实地观察，设计机位、照明、镜头运动和录音方式。排练一结束就能够立刻进入真正的拍摄。

②现场指导

演员与导演在人物角色的认识上很难一步到位，往往需要经过一段时间的磨合，在现场拍摄时，也常常需要导演的指导。现场指导需要导演有耐心、有技巧，要消除演员的紧张和焦虑，可以采用启发式、示范式或刺激式等方式。

启发式是指在演员因对人物的内心情感依据把握不足导致表演不到位时，导演要给演员讲解剧本，调动其内心情绪记忆，并指导演员发挥想象来丰富对人物的深入理解，从而提升表演的深度和效果。

示范式是指导演把人物此刻的心理过程讲解给演员，并同时进行示范表演，以使演员对表演结果有明确的认识。有时导演也会直接告知演员表演的动作，让演员模拟示范动作即可。

刺激式是指导演使用外力对演员进行刺激，使演员对刺激作出符合人物此时需要的反应状态。这种刺激可能是生理的，也可能是心理的。正确的刺激式指导会引导演员进入良好的表演状态。

（2）即兴表演

即兴表演的问题，几乎每个导演都会遇到。好的即兴表演具有真实、生动、新鲜和富于变化的特点，往往会成为作品中最为出彩的部分，因此导演不仅要允许而且应该支持演员在符合人物角色和规定情境的前提下，进行临场创作和即兴表演。

一方面，导演要鼓励演员以积极的心态投入二次创作，帮助演员把握人物角色的精神状态、思想情感的发展线索等，也就是充分把握人物角色的总基调；另一方面，导演对演员在镜头前的具体表演细节，如动作的大小、声音的高低等，不必过于拘泥、死板。当发现好的苗头时，要及时给予肯定和鼓励，让演员朝这个方向做更多的努力，并做好充分的拍摄准备。

但是也要注意，即兴表演具有很大的偶然性，导演不能把希望完全寄托在这种临场发挥上，而且即兴表演必须是建立在对角色深刻理解的基础上，不能漫无节制地游离于故事之外，这些都需要导演的总体把握。

3. 场面调度

场面调度是指导演为摄影机安排的场景，也就是对画框内的事物进行合理有序的安排，从而引领观众从不同的位置观察银幕画面的活动。场面调度是导演技艺的中心环节，是表演、摄影和剪辑互相融合的关键，是导演把思想观念、人物性格、故事情节、环境气氛等通过艺术构思传达给观众的一种独特的语言和造型手段，它直接决定了能否实现导演的创作设想。场面调度必须以剧本提供的剧情和人物性格、人物关系为依据。场面调度具有刻画人物性格、体现人物情感、表现人物关系、渲染现场气氛、交代时间和空间、创造特殊意境等诸多作用，从而增强作品艺术感染力，满足观众的审美需求。

场面调度主要包括演员调度和镜头调度两部分。

（1）演员调度

演员调度是指导演在拍摄现场对演员的位置、动作、行动路线、语言及其停顿的时机等的安排，并因此形成画面的不同造型、景别，揭示人物关系及情绪变化，从而获得良好的银幕效果。演员调度是场面调度的基础和中心点，其他调度都要围绕演员调度来进行。对于观众来讲，大多数演员调度是在毫无知觉的情况下完成的。

①演员调度的内容：

演员调度贯穿于作品的始终，在内容上主要考虑以下三点：

第一，人物出场。人物的每次出场都是有意义的，特别是第一次出场更是建立与观众关系的关键点，要根据剧情的需要进行重点设计。

第二，主次关系。当画面中不止一个人物，需要多个人物同时出现时，需要导演精心设计，以便主次分明，而又恰当地体现出人物之间的关系。

第三，行动路线。人物的行动空间及在该空间的行动路线的调度，即人物从哪里来，到哪里去，中途有什么行为动作，在哪里停下来，最后以怎样的方式从画面中离开，这些调度是塑造人物角色的重要方法，因此也需要进行精心的安排。

②演员调度的形式：

横向调度：演员从镜头画面的左方或右方作横向运动。

正向或背向调度：演员正向或背向镜头运动。

斜向调度：演员向镜头的斜角方向作正向或背向运动。

上下调度：演员从镜头画面上方或下方作反方向运动。

斜向上或向下调度：演员在镜头画面中向斜角方向作上升或下降运动。

环形调度：演员在镜头前面作环形运动或围绕镜头位置作环形运动。

无定形调度：演员在镜头前面作自由运动。

③演员调度的依据

演员调度不是随意而为的，而是需要进行精心的安排、构思和设计，其依据主要是：

第一，视觉效果的需要。微视频是以影像作为表现形式的，注重视觉效果的传达，因此人物在画框中的位置和行动路线应符合审美需要，达到最佳构图造型和光影处理效果，才能为观众提供更好的观赏享受。

第二，塑造人物的需要。演员调度能够直接表现人物的行为动作、情绪思想，反映人物的性格特点，因此对人物位置和行动路线的安排应该是有意义的，要遵循人物在特定情形下必然要进行的动作逻辑，而不是无目的地走动或停顿。

演员调度可以通过几个不同景别和机位的镜头组接而成，也可以用长镜头的方式表现出来，唯一要特别注意的是，人物的配置必须使观众时刻都注视他所应该注视的人，否则导演的创作意图就不能很好地表达出来。

（2）镜头调度

镜头调度是根据人物在场景中的位置安排，合理地处理摄像机的位置变化、镜头拍摄角度、拍摄距离和运动方式等，形成不同角度的画面造型，从而表达剧情、实现导演创作意图的一种手法。镜头调度打破了观众观看时特定角度、特定范围的空间限制，实现了连接不同时空的叙事方式。

镜头调度应该注意以下几点：

第一，能否准确生动地传达人物的思想感情和情绪状态，并深入展示人物的性格特点；

第二，能否准确简练地完成叙事，交代好剧本规定的空间情境。

第三，是否符合生活或艺术的逻辑，不会产生歧义。

第四，能否将场景中不同的艺术因素整合成表现力强的影视语汇，表达出影像的独特魅力。

镜头调度的具体内容，包含了机位的设置、拍摄角度、距离和运动方式等，我们将在下一章中详细讲解。

场面调度是演员调度与摄影机调度的有机结合。有效的场面调度可以充分发挥人物和镜头之间的相互关联和影响，有效吸引观众注意力，建立立体式的空间结构，掌控观众的思维导向，真正实现导演的创作意图。

场面调度也没有一定的规定，导演可以根据需要灵活调整。大体而言，可以将之分为四种类型：

第一，纵深调度

利用人或物做前景，后景人物在纵深处由后面走向前面，即由全景走向近景，或者相反，由近景走向纵深处，变为全景。纵深调度能够产生不同景别的变化，在长镜头中运用较多。

第二，重复调度

重复出现两次或两次以上相同或相似的演员调度和镜头调度。重复调度具有突出、强调的作用，便于引发观众联想，从而增强剧情的感人力量。

第三，对比调度

把相反或相同的事物加以对比或衬托，使二者相得益彰，艺术效果更为突出。

第四，象征调度

导演借助场面调度寄托某种寓意或象征某种事物的内在含义，把深层次的思想转化为可视形象，引发观众去思索回味。

场面调度是导演技能的重要体现，有的导演习惯在片场构思场面调度，有的导演习惯细化到分镜头表中，但不论是哪种场面调度，都不是由一些支离破碎的决定拼凑出来的，而是一个完整有序的计划，需要给予足够的重视。

4.声音处理

作为视听艺术的一种，微视频作品同样是视觉语言与听觉语言的互补互动，是缺一不可的整体。作为导演，在拍摄过程中，也要重视声音系统的把握运用。

（1）声音的构成

与传统影视作品一样，微视频作品的声音是由人声、音乐、音响三部分构成的。

①人声

人声是人类在交流思想感情时所使用的声音手段，包括语言和由人所发出的所有声音。语言又可以分为对白、独白和旁白三种。对白是人物之间进行的语言交流，独白是人物内心活动的自我表述，旁白通常以画外音的形式出现。

②音乐

微视频中的音乐是从纯音乐形式转化而来为作品而存在的音乐，是一种片段式的、不连贯的、非独立存在的音乐，是视听手段的有机组成部分。它可以分为有声源音乐和无声源音乐。有声源音乐是指画面内部出现声源的发出点，比如剧中人物的演唱、演奏等，具有真实自然的特点；无声源音乐是指在画面中不出现声源的发出点，通常是指后期的配乐，主要用来塑造人物、升华主题等。

③音响

音响是除了人声和音乐之外所有声音的统称。音响能够使作品的虚拟时空更为真实，展示人物的心理活动和思想情感，也能扩大并延伸时空，还能对画面起到补充作用。

（2）声音系统注意事项

①声音处理方式要进行明确规划，充分发挥声音系统的作用，使其能够补充、强化或拓展画面的表现，使视觉语言与听觉语言能够相互衬托，相得益彰。

② 对拍摄场地可能会出现的声音要有足够的预判，并拿出相应的处理措施。

③ 现场拍摄要监听录音，防止出现意外。

5、监管进度和质量

微视频作品由于成本低，人员少，活又杂乱，时间紧张，在手忙脚乱之中非常容易出现各种意外。因此，在现场拍摄时，导演必须时刻监控着拍摄的进度和质量，对每一个方面都要做到心中有数。

（1）监控资源

刚刚投入拍摄时，大家热情高涨，在所有资源都充足的情况下，很容易会无节制地拍摄很多角度，直到有一天，导演会突然发现财力物力已经难以支撑，后面的拍摄难以为继。

为了避免这样的尴尬局面，导演必须做好预算，在拍摄的每一个步骤都要对所有的资源做好管理，并且防患于未然，提前做好准备或继续筹措资金或节省开支。

（2）计算进度

无论拍摄顺序如何，导演都要计算出每天的拍摄进度。如果担心在拍摄时过度劳累无心顾及，就应该在拍摄前列好详细清单，每天都要对照清单，核查并评估拍摄进度是否符合计划，如果出现意外，就要及时找到替代的解决方案。

（3）把关质量

每天拍摄任务完成之后，都要对拍摄的质量进行检查，以确定作品质量是否符合预期。检查内容主要涉及：演员表演是否合格，并且与之前的表演具有一致性和连贯性；视觉效果是否达到要求；音质是否清晰、是否有遗漏，以及是否与之前的声音具有一致性，等等。

或许每天的质量把关会令已经疲惫不堪的导演苦不堪言，但是唯有如此，当产生问题的时候，才能有最佳的补救机会，而不至于出现类似在工作人员和演员解散后，才发现自己遗漏了一个重要镜头的情况。

第四章　摄　影

- ■　纪实类摄影
- ■　剧情类摄影
- ■　新手摄影技巧

第一节　纪实类摄影

一、景别、角度及构图

1.景别

景别是指被拍摄对象或者画面形象在电视屏幕框架结构中所呈现出来的大小和范围，从某种意义上讲，景别的选择就是拍摄者画面叙述方式和故事结构方式的选择，是拍摄者创作思维活动的最直接体现。不同的景别往往意味着不同的视野、气质、节奏和韵律。

景别的决定因素有两个：一是摄像机和被摄对象之间的实际距离；二是所使用镜头的焦距长短。也就是说，不同的景别可以在同一角度、同一焦距镜头的情况下通过调整与被拍摄对象的距离来获得，也可以通过改变镜头的焦距长短来获得，但两者的实际画面效果是有差异的。景别不同，表现的内容和功用均不相同。

（1）远景

远景是景别中视距最远、表现空间范围最大的一种景别。如果以人为尺度的话，人在画面中所占的面积很小，基本上呈现为一个点状体。远景视野深广、宽阔。这特别适合表现开阔、舒展的地理环境，自然风貌和宏大壮丽的景观有着较强的抒情性。远景的画面构图通常比较简洁，一般不用前景，主要注重通过深远的景物和开阔的视野把观众的视线引向远方。用文字来描述的话，大致可以理解为"远眺""眺望"等。根据人观察事物的心理习惯，一般是先整体、后局部，先大概、后细节，因此，远景一般都会用在开头。同时，远景当中留白很多，给人思考、回味的空间比较大，一般也用在结尾使片子余韵十足。因为远景画面包含的内容可能会比较多，因此，从时间长度来说必须保证留足，要让人有足够时间看清楚画面里的内容。

（2）全景

全景一般用来表现被拍摄对象的全貌或被拍摄人体的全身，同时保留一定范围的环境和活动空间。与远景相比，全景画面有明显的内容中心和结构主体，能够完整地表现人物的形体动作，可以通过对人物形体动作的表现来反映人物的内心情感和心理状态。由于全景对所表现的事物、场景有一个完整的观照，其表现效果往往比剪辑合成的完整形象更真实、更客观。在纪实性微视频中，全景通常充当介绍性、说明性镜头，也常被用作"定位镜头"，即其他分切镜头大多要以全景作为分切的依据。

全景中主体和环境同样重要，处理好主体与环境的关系是全景构图的重要任务。一般来说，全景画面是容纳画面构图元素最多的景别，因此，拍摄时要注意各种元素之间的调配关系。要重点突出、主次有序，防止喧宾夺主或场面混杂而分不出画面重点。拍摄时应当善于选择适当的前景来衬托内容的表达和加强画面纵深感，选择与主体不同色调的背景来衬托主体、突出主体。

（3）中景

中景的划分是以成年人膝盖以上部分或场景局部的画面为依据，它是电视中用得最多的景别之一。与全景相比，中景画面中人物的整体形象和环境空间已被降到次要地位，而动作和情节更受重视。中景让观众看到的是人膝盖以上的形体运动和情绪交流，因此有利于交代人与人、人与物之间的关系。

在有情节的场景中，中景画面常被用作叙事性的描写。因为中景既给人物留下形体动作和情绪交流的活动空间，又不与周围气氛、环境相脱节，可以揭示人物的身份、情绪、相互关系以及动作目的。当中景表现人物交谈时，画面的结构中心不是人物之间的空间位置，而是人物视线的相交点和情绪上的交流线。

在拍摄时不仅要对中景画面所表现的基本空间有一个准确的把握，还必须能够随时注意被拍摄人物的动作变化、视线变化和情节中心点的变化，并把握好这些无形线条所组合成的结构关系。

（4）近景

近景是表现成年人腰部以上部分或物体局部的画面。近景以表情、质地、细节为表现重点，常用来细致地表现人物的精神面貌和物体的主要特征。与中景相比，近景画面的空间范围进一步缩小，画面内容更加趋向单一，环境和背景的作用进一步降低。吸引观众注意力的是画面中占主导地位的人物形象或被拍摄对象，特别是人的眼睛。中国古代绘画有"近取其神"一说，当人物处于近景时，大景别中看不清楚的局部动作和细节都能够在近景画面中得到视觉满足，人物的内心也可以由此一览无遗地表露出来。因此，近景拉近了被拍摄人物同观众之间的距离，容易产生一种交流感，是电视画面吸引观众并把观众带进特定情节或现场的一种有效手段。

近景拍摄由于受景深限制，对聚焦的要求更为严格，特别是被拍摄对象处于运动状态时，更应该注意。同时，近景画面中主体的周边环境特征已经不重要，背景作用也大大降低，因此画面应力求简洁，色调要统一，避免杂乱，特别要注意避开背景中那些明亮夺目的、极易分散观众注意力的背景物体，要让主体人物始终处于画面结构的主导位置。

（5）特写

特写是表现人肩部以上的头像，或某些被拍摄对象局部的画面，也是视距最近的画面。特写的画框较近景进一步接近被拍摄体，常用来从细微之处揭示被拍摄对象的内部特征及本质内容。特写画面内容单一，可起到放大形象、强化内容、突出细节的作用。

在拍摄特写时，构图要力求饱满。将要突出、强调的物体占满整个屏幕画面，形成一种突破画框、向外扩张的视觉张力。因此，特写也是主观性极强的镜头，有时带有很大的强迫性，将放大的形象、突出的细节强加给观众。由于特写分割了被拍摄物体与周围环境的空间联系，特写镜头常被用作转场镜头。这是由于特写画面空间表现不确定性和空间方位不明确，因此在场景转换时，将镜头画面由特写拉到新的场景，观众不会觉得突兀和跳跃。

（6）景别的作用

①景别的变化带动视点的变化，它能通过摄像造型满足观众从不同视距、不同视角全面观看被拍摄体的心理要求。

②景别的变化是实现造型意图、形成节奏变化的因素之一。不同景别体现出不同的造型意图，不同景别之间的组接则形成了视觉节奏的变化。

③景别的变化使画面中被拍摄对象的范围变化具有更加明确的指向性，从而形成画面内容表达、主题诉求和信息传递的不同侧重点和各自的内涵。不同景别的画面包括不同的表现时空和内容，实际上是摄制人员在不断地规范和限制被拍摄对象的被认识范围，决定了观众视觉接受画面信息的取舍，由此引导观众去注意和观看被拍摄主体的不同方面，使画面对事物的表现和叙述有了层次、重点和顺序。

2. 角度

拍摄者对拍摄角度的选择，实际上就是对画面的选择和确定。拍摄角度直接决定了画面上的形象主体和线形构架，决定了画面的光影结构、位置关系和感情倾向。可以说，拍摄者在拍摄的选择中融入了对画面形式的创造和想象，以及对画面形象的情感和立意。

（1）拍摄高度

拍摄高度是指摄像机镜头和被拍摄对象在垂直平面上的相对位置或者说相对高度。这种高度的相对变化形成了三种不同的情况，并具有不同的造型效果和感情色彩。

①平角（平拍）

平角拍摄时由于镜头与被找对象在同一水平线上，它的视觉效果和日常生活中我们观察事物的正常情况相似，被拍摄对象也不容易变形，给人以平等、客观、公正、冷静、亲切的感觉。它是纪实性微视频中一种常规的拍摄高度。

②俯角（俯拍）

摄像机位置高于被摄对象，产生一种自上而下、由高向低的俯视效果。俯拍使地平线升到画面的上端甚至从画面上端出画，这样就使地面上的景物平展开来，有利于表现地面上景物的层次、数量、地理位置以及盛大场面，给人以深远、辽阔的感受。一般来说，俯角拍摄具有交代环境位置、数量分布、远近距离的特点，在表现人物活动时，适合展示人物的方位和关系。当一件事发生时，俯拍可以表现整体气氛、矛盾双方的力量对比和相互关系。但俯拍具有压缩高度的特点，因此，俯拍人物时，对象会显得更低矮、更萎缩，画面往往带有贬低、蔑视的意味。

③仰角（仰拍）

摄像机位置低于被摄对象时，会产生一种从下往上、由低向高的仰视效果。仰拍使地平线处于画面的下端甚至从画面下端出画，经常出现以天空为背景的画面。因此，仰拍可以达到净化背景、突出主体的目的。

仰拍能使画面前景更加突出，背景则相对压缩，当用广角镜头拍摄时，画面的透视效果会更加强烈，物体看起来更加高大、挺拔，有利于强调被拍摄对象的高度和气势。画面带有赞颂、敬仰、自豪、骄傲等感情色彩，常被用来表达崇高、庄严、伟大的气概。

（2）拍摄方向

拍摄方向是指摄像机镜头与被拍摄对象在水平平面上的相对位置，也就是平常所说的正面、侧面和背面。

①正面拍摄。正面拍摄有利于表现被摄对象的正面特征和面部表情。被拍摄对象面对镜头说话时，视线就是对着观众的，让人感觉是直接对着自己说话，容易产生一种交流感和亲切感。由于正面拍摄常用对称构图，而对称能给人以稳定感和庄重感，比较适宜表现严肃、庄重的气氛。但正面拍摄只能看到物体的一个面，物体透视感差，立体效果不明显，如果画面布局不合理，被摄对象会显得没有主次之分。

②侧面拍摄。侧面拍摄又分为正侧拍摄和斜侧拍摄两种情况。正侧拍摄有利于表现被摄对象的运动姿态和外部轮廓线条，但不利于展示立体空间；斜侧拍摄是指摄像机在被抓对象正面、背面和正侧面以外的任意一个水平方向透行的拍摄。它能同时看到物体的几个面，因此能产生极强的立体感与纵深感，有利于表现物体的立体形态和空间深度，斜侧拍摄在画面中还可以起到突出效果，从而容易分出主次关系。

③背面拍摄。画面所表现的视线与被拍摄对象的视线一致，使观众产生很强的主观参与感。采用此角度来进行追踪式的拍摄，现场写实效果强烈。此外，背面拍摄角度中，观众不能直接看到画面中人物的面部表情，具有一种不确定性，也有一定的悬念，此时，面部表情已经不起作用，主要是通过人物的姿态动作来表现人物的心理活动，处理得好的话更能调动观众的想象力，引起观众的好奇心与兴趣。

（3）客观性角度和主观性角度

①客观性角度（客观镜头）是指依据人们日常生活中的观察习惯而进行的旁观式拍摄，是影视节目中运用得最多、最普遍的拍摄角度和拍摄方式，也是传递信息、说明问题的最基本的，或者说是基础性的镜头。摄像机代表着观众的视点和视线。

②主观性角度（主观镜头）是一种模拟画面中的主体（可以是人、动物、植物和一切运动物体）的视点或者感受来进行拍摄的角度或镜头。摄像机代表着被拍摄对象的视线，强调、突出的是被拍摄对象在此时此刻的所见所感，表现的是其主观感受。因此，这种镜头会产生一种不同寻常的画面效果和出人意料的视觉以及心理感受。这个时候，摄像机镜头已不再是单纯的记录和再现，而是一种更强烈的主观表现。

3. 构图

构图是指在拍摄中把被拍摄对象及各种造型元素加以有机地组织、选择和安排，以塑造视觉形象、构成画面样式的创作活动。具体来说，构图需要处理的造型元素包括光线、色彩、影调、线条、形状等，其结构成分又可分为主体、陪体、前景、后景、环境等。

构图作为一项创作活动，是一种即兴式、个人化的工作，很难界定出具体化的、一成不变的原则和模式。但是，构图的根本目的是使主题和内容获得尽可能完美的形象结构和画面造型效果。因此，不论构图形式怎样变化，有一些基本的构图要求和正确的造型观念是我们必须了解和理解的。

（1）构图基本要求

①画面要简洁。当我们扛起摄像机时，会发现被拍摄对象并不自然成画，这就要求用取景框进行选择、提炼，才能从自然、凌乱的物像中"提取"出优美的画面。

②主体要突出。主体是画面的重点，也是内容的重点。作为小屏幕、一次过的电视画面，必须正确处理好主体、陪体以及环境等之间的关系，做到主次分明、相互照应，条理和层次井然有序。

③立意要明确。构图是为主题思想和创作意图创造结构形式的过程。要想出色地构图，就必须深刻地构思。也就是说，每个镜头所要传达、表现的思想内容和艺术内涵必须是非常明确而集中的，切忌模棱两可、不清不楚。

（2）两种构图思维

①封闭式构图思维。封闭式构图思维的特点表现为：把框架内的空间看成一个独立的天地。框架是画面内部与画面外部之间不可逾越的明确界线，注重框架内形象元素的完整、严谨、统一、平衡、和谐，画面主体清晰、明确，有严格的结构中心，画面内的主要形象元素之间相互呼应。

②开放式构图思维。开放式构图思维特点表现为：不再把框架看成一个与外界起隔离作用的界限，而是看作一个向外眺望的窗口。框架内的空间只是整个世界的一个局部，与框架外的空间有着必然的联系。注重运用不完整、不均衡构图调动观众对完整形象的联想、补充和想象，更加注重声音对画外空间的表现作用。

二、镜头

1. 概念与特性

固定镜头是指摄像机在机位不动、镜头光轴不变、镜头焦距固定的情况了拍出来的画面，也可以称为固定画面。固定镜头（画面）是一种静态造型方式，主要作用是反映"画面内部运动"。其特性主要有两点：

（1）固定画面框架处于静止不动的状态，画面的外部运动因素消失。固定画面之所以"固定"，最显著的标志就是画面构图的框架是固定的，而不是像运动画面那样可以出现上下、左右、前后等位移和变化。

（2）固定画面视点稳定，符合人们日常生活停留细看、注视详观的视觉体验和视觉要求，实际上给观众提供了相对集中的收看时间和比较明确的观看对象。

运动镜头就是在一个镜头中通过移动摄像机机位，或者变动镜头光轴，或者变化镜头焦距所进行的拍摄。和固定画面相比，运动镜头具有画面框架相对运动、视点不断变化的特点。

2. 功能与作用

（1）固定镜头：

固定画面有利于表现静态环境，能通过静态造型创造一种"静"的氛围。固定画面中摄像机不做任何动作，可以让人们的视线和注意力更加集中于画面内部，对画面的观察相应地也会更仔细，并从中产生一种"静"的感觉。

从时间感觉来说，固定画面表现出来的更多是一种"久远"的感觉，如时间上的过去感、历史感和往事感等，有利于表现一种追思回想式的"过去式"时态，如一个人在回忆过去时，以这个人静态沉思的固定画面来处理显然要比运动镜头好。

固定画面与运动镜头相比主观色彩较少，镜头表现出一定的客观性，特别是较少运动拍摄所带来的强指向性。它的主观性显得较少一些，观众感觉像是自己在有选择地观看，镜头看起来较客观、冷静、理性。

（2）运动镜头：

运动镜头能通过连续和动态的拍摄表现被拍摄对象的运动，从而产生多变的景别、角度、多向的空间和层次，最终带来时间的连续感和空间的完整感。

运动镜头具有较强的指向性，因而主观色彩更浓，也更能实现创作者的目的和意图。

运动镜头可以让静止的物体和景物发生运动和位置的改变，从而制造出相对的"动感"。

3. 固定镜头局限与不足

固定画面视点单一，视域受到画面框架的限制。在一些需要全景式浏览、搜寻式观察的情况下，固定画面不如运动画面全面、丰富和完整。固定画面在一个镜头中构图难以发生很大变化，难以表现运动范围较大的物体和复杂、曲折的环境空间。

固定画面由于受单一画框的框架限制，容易造成剪辑后的零碎感，不如运动画面那样能够比较完整、真实地记录和再现一段生活流程。

4. 运动镜头的运动方式

运动镜头的运动可以有三种方式：机位运动、镜头光轴运动和镜头焦距运动。其形式可表现为推、拉、摇、移、跟等。

（1）推摄

推摄镜头的画面特征有：

①形成视觉前移的效果。画面向被拍摄对象方向接近，画面视点前移，观众能够从画面中直接看到景别由大变小的连续过程。

②具有明确的主体目标。推镜头向前运动，既非毫无目标，也不是漫无边际，而是具有明确的推进方向和终止目标。

③使被摄对象由小变大，周围环境由大变小。

推摄镜头的表现力如下：

①可以突出主体人物，突出重点形象和重要的情节或细节。推摄镜头向前的方向性有着"引导"的作用，甚至有"强迫"观众注意被拍摄对象的作用。另外，推摄镜头的落幅画面最后使被摄对象处于画面中醒目的结构中心位置，能给人以鲜明、强烈的视觉冲击。

②可以在一个镜头中介绍整体与局部、环境与人物的关系。

③慢镜头速度的快慢可以影响和调整画面节奏，从而产生外化的情绪力量，表现出不同的情感色彩。缓推与急推所表现出来的情绪力量和情感色彩是明显不同的。

（2）拉摄

拉摄镜头的画面特点有：

①形成视觉后移的效果。

②使被拍摄对象由大变小，周围环境由小变大。环境因素得以加强。

拉摄镜头的表现力如下：

①有利于表现主体和主体所处环境的关系，这是一种从点到面的表现方式。

②表现空间由小到大不断扩展，新的视觉元素不断入画，在情节上常可产生或制造意料之外的效果。

③慢镜头内部节奏由紧到松，与推镜头相比，较能发挥情感上的余韵，产生许

多微妙的感情色彩。

④常被用作结束性和结论性的镜头，拉镜头表现空间的扩展反衬出主体的远离和缩小，从视觉感受上来说，往往有一种退出感、凝结感和结束感。

⑤可以用作转场镜头，比如从特写拉到全景，起幅特写的画面分割了背景空间，以它为起点拉出，场景转换会显得比较流畅自然。

（3）摇摄

摇摄镜头是指摄像机机位不动而变动摄像机光学镜头轴线的拍摄方法。它的运动形式多种多样，如水平横摇、垂直纵摇、斜摇、间歇摇、甩镜头等。

摇摄镜头的画面特点有：

①犹如人们转动头部环顾四周或将视线由一点移向另一点的视觉效果。

②从起幅到落幅的运动过程，迫使观众不断调整自己的视觉注意力。特别是起幅和落幅，更能引起观众的关注。

摇摄镜头的表现力为：

①展示空间，扩大视野。画面由于画框的局限，对于一些宏大的场面和景物的表现往往显得力不从心。摇镜头通过摄像机的运动将画面向四周扩展，突破了画面框架的空间局限，使画面更加开阔，景物尽收眼底。

②能够介绍、交代同一场景中两个主体的内在联系，形成某种象征、暗喻、对比、并列或因果关系。生活中许多事物经过一定的组合都会建立起某种特定的关系，这些关系如果一起放在一个大视野中并不容易引起人们对它的注意，而用摇镜头将它们分开再合成表现时，这种关系常常在形式上会引起人们的注意，人们更容易从中悟出创作者的表现意图，从而达到随镜头的运动而思考的目的。

（4）移摄

移摄镜头是指将摄像机架在活动物体上随之运动而进行的拍摄。根据摄像机移动的方向不同，大致可分为前移动、后移动和横移动。

移摄镜头的画面特点有：

①由于画面框架始终处于运动之中，因此，画面内的物体不论是处于运动状态还是静止状态，都会呈现出位置不断移动的态势，特别是静止物体，会产生一定的动感；

②摄像机的运动直接调动了观众生活中运动的视觉感受，唤起了人们在各种交通工具上或行走时的视觉体验，容易产生身临其境之感。

移摄镜头的表现力为：

①开拓了画面的造型空间，创造出独特的视觉艺术效果。横移动镜头在横向上突破了画面框架两边的限制，开拓了画面的横向空间；纵移动镜头则在纵深方向上突破了电视屏幕平面的局限，开拓了画面的纵向空间；

②移摄镜头在表现大场面、大纵深、多景物、多层次的复杂场景时具有气势恢宏的造型效果，比如航拍等。

（5）跟摄

跟摄是指摄像机始终跟随运动的被抓拍对象而进行的拍摄。

跟摄镜头的画面特点：

①画面始终跟随一个运动的被拍摄对象。由于摄像机运动的速度与被拍摄对象的运动速度相一致，这个运动着的被拍摄对象在画框中便处于一个相对稳定的位置上，而背景环境则始终处于变化之中；

②被拍摄对象在画框中的位置相对稳定，即景别相对稳定。通过稳定的景别，对被拍摄对象运动表现保持连贯，有利于展示对象运动中的动态、动姿和动势。

跟摄镜头的表现力为：

①能够连续而详尽地表现运动中的被拍摄对象，它既能突出被拍摄对象，又能交代被拍摄对象的运动方向、速度、体态及其与环境的关系；

②从人物背后跟随拍摄的跟镜头，由于观众与被摄人物视点的合一，镜头可以表现出一种主观性色彩，给观众带来较强的现场感和参与感，使观众犹如置身于事件之中，成为事件的"目击者"甚至参与者；

③对人物、事件、场面的跟随记录的表现方式，在纪实性微视频中有着重要的纪实意义。

5.拍摄要求

采用固定镜头时需要注意以下几点：

要注意捕捉或者创造动感因素，增强画面内部活力。固定画面如果没有画面内部运动，单个镜头画面与照片差不多，很容易让人觉得沉闷，所以在拍摄时，应尽可能创造"活""动"的因素，让画面生动起来，特别是要注意对纵向空间的物体的调度和表现。

拍摄固定画面时，要注意拍摄方向、拍摄角度、轴线关系和景别设计，注意镜头的内在连贯性。这是因为固定画面与固定画面之间组接时涉及更多方面的内容，对镜头的要求很高。我们常说的画面与画面组接时的"跳",就是初学者摄像时易犯的毛病。

固定画面的构图一定要精致讲究,要注意艺术性和可视性。它是对摄影师构图技巧、造型能力、审美趣味和艺术表现力的综合检验。相对而言,由于运动画面的运动性和可变性,某些构图上的问题能在一定程度上被掩盖;

拍摄固定画面,必须"稳"字当头。稍许的抖动都会被静止的画框夸张放大,因此拍摄固定画面要养成使用三脚架的良好习惯。

运动镜头则需要注意,摄像机的运动必须有明确的目的性或运动依据。"动其所当动,静其所当静",切忌那种漫无目的、毫无意义的运动或为炫耀摄像技巧而"硬"做出来的运动。它们非但不能达到创作意图,反而让人不知所以然,甚至招人反感和厌恶。具体来说,运动镜头拍摄十分重要的一点就是对动点、动向、动速三方面实施控制,从而减少观众对摄像机启动和停止的注意,使运动显得自然流畅。

三、录音

一部好的纪实性微视频,精彩的声音必不可少,纪实性微视频前期创作中要处理的声音主要是同期声和现场音响两种。同期声的作用在于披露信息、揭示内容、展示说话者的个性、特征。现场音响的作用则在于丰富画面内涵,再现和拓展空间,营造相应的环境氛围。对这两种声音的拾取,需要准备相应的技术和设备。在一些要求制作精良的纪实性微视频拍摄中,往往要配备专门的录音师,以保证声音的质量。

1. 话筒

纪实性微视频录音可以运用各种各样的话筒,话筒没有绝对的优劣之分,关键在于能够根据拍摄的环境和要求作正确的选择和使用。

话筒共分六种,分别是摄像机自带话筒、全指向型(无指向型)话筒、双指向型(8字型)话筒、单指向型(心型)话筒、超强心型话筒、佩戴式话筒。这六种话筒的优缺点详细如下:

摄像机自带话筒:它一般用于拾取现场音响,但如果用来收录同期声效果就不是很理想,因为它在记录应该记录的声音时,也把话筒周围的杂音录进去了,由于是摄像机自带话筒,它们离声源的位置往往较远,效果自然不佳。因此,如果要收录同期声，专业的做法是使用独立的采访话筒。

全指向型（无指向型）话筒：它对来自所有方向上的声音都具有相同的灵敏度，即对来自各个方向的声音都能均衡地拾取。拾音质量只与声源距离有关而与声源方向无关，一般适合近距离拾音，因为近距离只拾取直达声，而较少受混响声影响。如此一来，就使获得的声音更为真实自然，有较好的纵深感。

双指向型（8字型）话筒：它对正前方和正后方（0度和180度）的声音最敏感，对两侧方向（90度和270度）的声音最不敏感，因此它适合于两人之间的对话拾音。

单指向型（心型）话筒：它只对正前方的声音高度敏感，随着声音入射角的改变，灵敏度逐渐降低。由于它可以有效地过滤回声和环境背景声，常常被用于同期声的拾取。

超强心型话筒：其原理与单指向型话筒一样，只是其辨识声音的能力更强，在强噪音环境下非常适用。

佩戴式话筒：它属于全指向型话筒，体积小、易隐藏，一般夹在说话者翻出的衣领上，说话者可以很方便地自由行动，但音量上缺乏景别的转换，即说话者的画面景别变化了，音量却始终大小如一。

2. 拾音要素

（1）声音的表现力

声音的表现力是指声音的真实性，即声音必须与画面所展现的环境相一致，传达观众所期望的逼真效果。

声音表现力的要素之一是声音的空间感有活跃和沉闷之分。原因有两个：一方面在于现场空间的大小，如果其他条件相同，大房间里的声音听起来会比小房间里的活跃；另一方面在于物体表面的材质，坚硬的表面会产生反射而使声音比较活跃，柔软的表面则会吸声而使声音变得沉闷。换句话说，活跃的声音是因为产生很多的回声和混响而沉闷，单调的声音则是因为声音被大量吸收。

回声与混响虽然有着相似的效果，但它们在科学上的定义还是有所不同的。回声是指反射一次的声音，混响则是指反射多次的声音。带有太多回声或混响的声音听起来会很模糊，尤其是高频声音，容易彼此混合、难以分辨。没有经过反射的声音是直达声，直达声清晰可辨，但比较沉闷。

声音的沉闷或活跃都没有错，关键取决于录音所希望达到的音响效果，这就需要兼顾画面的内容要素。为了保持声音的清晰，录音师通常会在墙壁前挂上毛毯，并铺上地毯、放下窗帘、盖上桌布，或将话筒放在靠近声源的地方，以降低室内声音的活跃程度；采用相反的措施，则可以适当提高声音的活跃程度，达到相反的录音效果。

（2）声音的距离感

声音的距离感与发声主体的远近有关。一个站在远处的人和一个用特写拍摄的人，他们的声音听起来应该是不一样的。镜头景别越大，声音也应该传达出更远的距离感，这样才能加强画面的视觉感受。

录音过程中，如果用佩戴式话筒，则表现声音的距离感会很困难。用吊杆式话筒录音是目前保证声音具有适当距离感的最好方法。但要注意，不要让吊杆式话筒特别是话筒的影子出现在画面内。有经验的录音师的眼睛一般不会离开摄像师，以便随时调整吊杆与说话人的距离。

（3）声音的平衡性

平衡性是指声音的相对音量。重要声音的音量应该比次要声音的音量大。人的耳朵可以选择性地倾听，话筒也可以通过对其指向性的选择来拾取想要的声音。单指向型话筒比全指向型话筒更容易达到人耳选择性倾听。

保证声音平衡的最佳方式，是将每一种重要的声音元素都以平线式记录下来，到后期制作时再调整各种相关参数。也就是说，在录音过程中，应该尽可能使每个场景、每个人物、每种音响效果的音量大致保持一致。

（4）声音的完整性和连贯性

人的听觉要求声音完整，并且比对画面完整的要求严格得多。例如，说话的内容不应该在句子不完整的地方突然中断，否则会造成声音被打断的感觉。因此，录音时应尽量保持声音的完整和连贯。

此外，声音的表现力因素也应该是连贯的，即不同景别中的声音应该有着相近的活跃程度。在整个录音过程中，如果需要使用不同的话筒，应该尽量选择技术指标相近，包括频率特性、动态范围和音色相近的话筒，以减少话筒对声音连贯性的影响。

（5）噪音的消除

录音时通常会拾取到一些与主题无关的噪音，对噪音的消除是专业录音中经常遇到的问题。

噪音之一是来自摄像机本身。这一问题在胶片拍摄中更为严重，因为摄影机都有马达，噪声主要是来自马达内部的电流声。解决这一问题的办法就是用一些装置，如用隔音套、隔音罩将摄像机整体包装起来，降低马达的噪音，也可以将话筒尽可能地移近声源，远离摄像机或其他以交流电为动力的电源设备，还可以让摄像机远离被摄对象，改用长焦镜头拍摄。

风声会给话筒造成低频噪音，这也是室外录音中经常遇到的难题。消除这种噪音常用的方法是给话筒套上防风罩。

（6）注意拾取空音

不管是内景还是外景拍摄，拾取一段空音是明智的，因为特定的环境有特定的声音。空音代表这个环境的声音。在纪实性微视频中，空音可以使影片感觉更加真实，因为在真实生活中，外界的声音是无时无刻不在的，影片也应该同真实生活一样。

拾取空音的方法其实很简单，在每天和每个地方拍摄结束后，录音师可以让大家站在原处，保持沉默，然后录几分钟的空音。

四、用光

光线在纪实性微视频拍摄中的作用主要有以下三种：

一是表现物体的外部特征（如形状、轮廓、结构、色彩和质感等）。不同物体的外部形状、表面结构、色彩和质感各不相同。人们之所以能够看到物体的外部形状、表面结构、颜色和质感，是因为光线的差别及物体对光线的反射，物体的表面结构不同，对光线的吸收、透射、反射也各不相同。

二是凸显立体空间。现实空间是具有长、宽、高的三维空间，而摄影是在只有长、宽的二维空间中来表现现实空间的。因此，要表现出物体的深度，就必须通过光线的明暗关系和光与影的效果来使画面产生立体感、纵深感和透视效果。

三是营造特定氛围，表现画面主题和主观倾向。光线千变万化，我们可以利用明暗和影调的配置，营造特定的效果，增强画面语言的表现力，从而达到突出某种氛围，增强某种情感的作用。

因此，光线的基本特性和用光方法是纪实性微视频创作者必须了解和掌握的。

五、现场拍摄中的意识

纪实性微视频摄影首先要遵循的是生活规律，因为真实性是纪实性微视频的第一属性。现实生活有其自身的发展逻辑，它的存在、发生和发展都不以摄像机的拍摄与否为转移。在纪实性微视频拍摄中，摄像机相对处于被动的、被支配的地位，它只能去选择、捕捉生活流程中有意义、有价值的东西，而不能有要求和意识。从这个意义上说，纪实性微视频的现场拍摄有着更高的要求和意识。

1."挑、等、抢"意识

挑，即挑选，指编导和摄像通过在现场进行观察、分析和总结，将那些最能体现事件或人物本质的、最能说明问题的、最适合拍摄的素材从生活流程中挑选出来进行拍摄。

等，即等待，指在不影响事件的自然流程的前提下，随时做好拍摄准备，耐心地等待最富有表现力的拍摄时机到来。它体现了纪实性微视频真实性原则对拍摄过程的制约——现场事态的发展进程是不以编导的意志为转移的。

抢，即抢拍，指抓住时机，在事物发生、发展的过程中把最典型的、最感人的、最富有表现力的场面和细节抢拍下来。

2."过程"意识

"过程"是指事情发生、发展的真实的生活流程。它可以是持续相当长的一个生活片段。纪实性微视频与新闻的一个重要区别在于：新闻往往只注重对结果的报道；而在纪实性微视频中，"过程"就是内容，离开了"过程"，内容就失去了时空的载体。

相对完整的"过程"在纪实性微视频中具有以下功能：

（1）"过程"承载故事和情节；

（2）"过程"使纪实性微视频包含丰富的人文信息。

纪实性微视频通常要表现人物的细腻情感。在表达细腻情感的时候，如果没有对"过程"的展现，情绪是上不来的。有时候即便是沉默的过程，也同样富含非常重要的信息，能够体现出人物的复杂心态，把人物性格塑造得非常丰满。

3.长镜头意识

对"过程"的记录，往往离不开长镜头。长镜头通过对现场场面的调度，用一个时间上较长的镜头去表现一个完整事件或一个生活片段。

长镜头的类型有很多，比如固定长镜头、综合运动长镜头、景深长镜头等。一个镜头到底应该多长才算长镜头，一般来说，没有硬性的规定，只是相较而言的。不过，对长镜头的使用必须注意，镜头内部应该要有足够的信息含量或信息变化，那种为"长"而长的长镜头只能给人带来沉闷、单调、枯燥的感觉，让人昏昏欲睡。

4. 环境意识

纪实性微视频现场拍摄中还要有环境意识。环境有丰富的信息内涵，它是事件的发生地，是人物的活动舞台。通过对环境的充分展示，可以折射出人物行为、事件发生的各种因果关系和深刻背景，从而使事件和人物的意义更加深刻、更具内涵。如果镜头只对准人和事，看不到事件和人物所处的空间个性和空间背景，那么不仅信息含量少，人物和事件也会显得单薄、苍白，缺乏深刻的表现力。

从大的方面来说，环境可以展示人的生存条件。西北的黄土高原、南方的江南水乡，完全不同的生存条件造就了不同的生活方式和文化背景，其地面植被、房舍样式、人的服饰、交通工具等都会有显著的地域特色。

从小的方面来说，环境可以揭示人的生存状态。

5. 细节意识

细节是指富含表现价值、饱含人物情感和象征意义的细微处，是对人、景、物进行具体形象的描绘和刻画。影视艺术的传播特性决定了它的画面第一性，画面从来就是具体、逼真、生动、感性的，而细节则是这一特性的最好体现，是文字手段所达不到的。

在纪实性微视频中，细节通常有以下三个方面的作用：

（1）强调作用。对细节的记录带有很强的主观性，编导想要观众注意到什么，就可以很容易地利用特写等小景别画面加以突出，从而做到以少胜多，是一种比较经济、实用的方法。

（2）刻画人物，表达情感。纪实作品表现人物，不容易通过情节来实现，而细节则是进入人物内心世界的窗口。人物的个性通常在他们的一些细微动作和表情中得到充分表现。如果没有具体的细节，往往容易使人感到情节空泛、干瘪。

（3）细节能制造某种情趣。在一些影片中加上有情趣的细节，可以使整部影片活泼、幽默，营造出某种情趣。

生动的细节来自对生活的细心观察。生活中的细节很多，有些有意义，有些很无聊，有些生动，有些枯燥，这就需要拍摄者善于选择、分析和捕捉。要格外注意那些有价值的细节，在片子中加以生动表现。对于那些富有表现力的细节，要不惜笔墨把"戏"做足，这样才能给观众留下深刻的印象。但要注意，细节一定要符合特定的情境要求和性格特征。

6. 声音意识

纪实性微视频的拍摄，除画面以外，还有一个重要的形象要素，这就是声音。这里的声音是指同期声和现场音响。

（1）同期声、现场声是电视画面的一部分。"声画合一"的实质是：电视画面是有声音的画面，同期声、现场声是其声源画面不可分割的一部分。不同时记录声音形象的画面是不完整的甚至是残缺的画面。农村的鸡鸣狗叫、学校的琅琅读书声、战场的枪炮轰鸣声等，都是典型环境特征的表现，这些声音包含着丰富的信息量，是构成画面内容的重要组成部分。

（2）声音可以塑造形象，表现人物的个性。"如闻其声，如见其人。"声音是生命的外在形式，每个人的声音，其声调、语速、语气、音量、口音等都具有鲜明的个性，包含了大量的情感信息，尤其是用词和说话的方式，是一个人社会经历、文化修养的总和，具有鲜明的个性色彩和强烈的性格力量。

（3）声音可扩展画面空间的深度和广度。以往人们对画面空间的表达常常局限于画框内的视觉元素，如景物的层次、线条和空气的透视等平面造型元素。而声音介入之后，声音的远近、方向都是观众认识空间的手段，使空间在听觉上也呈现立体化。

（4）同期声、现场声可作为抒情元素使用。如果运用得好，声音还可以成为一个非常好的抒情元素，例如，在纪实性微视频的拍摄中有意保留一段完整的声音，让其占据较长的时空，在结构上就会形成一个抒情段落来抒发情感，并使视频画面有张有弛，形成一定的节奏和韵律。

特别值得一提的是，对声音的记录必须要注意保持声音的完整性，切忌那种说话、唱歌进行到一半就戛然停机的情况。在必要时，摄像机还可以当录音机来使用，比如拍摄现场突然停电了，但人物之间的交谈还在继续，这时就应用摄像机录音，直到谈话告一段落为止。

7. 剪辑意识

在纪实性微视频中，很多剪辑效果是摄像机在拍摄现场时就已经决定了的。因此，纪实性微视频的拍摄还必须要有剪辑意识。作为编导和摄像，必须要了解声音语言运用的规律，了解后期编辑制作的规律，这样才能在前期拍摄时做到有的放矢，为后期制作提供良好的前期素材。前期拍摄中的剪辑意识主要包括以下六个方面：

（1）了解轴线及轴线规律，确保机位的正确安排。轴线规律是影视摄制中保证空间统一的一条规律，它规定在用分切镜头拍摄同一场面的相同主体时，拍摄的总方向应限制在轴线的同一侧。任何越过这条轴线所拍的镜头，都将破坏空间的统一感，造成方向和关系的混乱；

（2）熟悉出画入画、封挡、消失等镜头的拍摄，它们在后期剪辑中将承担过渡与转场的作用；

（3）对同一场景或人物，可多拍一些不同景别、不同角度的备用镜头以丰富画面；

（4）注意拍摄一些反应镜头、正反打镜头、空镜头等。空镜头并不意味着空洞无物，只是回避了特定拍摄对象，成为不具特定性或特定性不强的独立画面，比如朝霞、蓝天、田野、山林等。在后期剪辑中空镜头常被作为某种色彩和符号性画面，用以渲染情感、断章截句，或作为章节转承的过渡；

（5）注意运动拍摄之前和之后要有足够的起幅、落幅，以保证画面衔接的顺畅；

（6）早开机，晚关机。注意画面和声音素材的完整性。

六、几种常见的拍摄方式

1. 交友拍摄

交友拍摄是通过前期深入生活，把自己置于受访者之中，与他或他们成为熟人，甚至成为彼此信赖的朋友，受访者因而消除了对创作者（对镜头）的陌生感和戒备心理，甚至忘了创作者和镜头的存在。这时拍到的东西便能达到最大限度的自然和生动。

交友拍摄是一种好的方式，更是一种好的作风。以至诚待人和充分地深入生活，甚至是长时间与受访者同吃同住同劳动，达到对生活和人物的深入理解，从而更加清楚地知道该拍什么、不该拍什么。

2. 偷拍

偷拍也叫隐藏拍摄，目的是摄取被拍摄对象的自然状态。这种拍摄方式可以远溯至 20 世纪 20 年代苏联的"电影眼睛派"，其以不暴露摄影机、隐秘摄取人物形象为特点。

技术设备的进步为偷拍偷录提供了前所未有的便利，产生过许多好作品和精彩篇章。偷拍偷录所得往往是各种没有外力影响的典型的自然状态，对表现待定的人和事具有特殊效果，对揭露各种社会丑恶现象，诸如制假售假、滥用职权等劣行丑态，在发挥舆论监督作用方面有着特殊威力。

当然，偷拍不是万能的，它还要受到法律和道德的限制，时刻拷问着创作者的良知，因而有必要谨慎行事。具体应注意以下三个方面：

（1）应该区别公开场合和非公开场合。比如街道、广场、体育比赛、公众集会、游行等场合，编导享有自由的拍摄权利，但涉及国家机密、商业秘密包括私人住宅等，不经许可是不能随意拍摄的；

（2）摄录的目的是出于维护社会公共利益，而不是其他私利。一般来说，对于进行中的严重危害公共利益（尤其是施行中的违法犯罪行为）的行为，可以不经行为人许可进行拍摄、录音，包括偷拍、偷录；

（3）要注意保护公民的隐私权、肖像权和未成年人的合法权益。国际传媒界对偷拍这一问题早有异议，在肯定其美学和舆论监督的积极作用的同时，明确指出偷拍的长久负面影响，即令人产生对媒体的敬畏之心，破坏社会与媒体的亲和感，损害公众对新闻媒介和记者的信任和尊重。

3. 多机拍摄

有的被拍摄对象机动性强，活动范围广，单机完整拍摄或不可能，或形式单调。多机拍摄则可以保证完整记录被拍摄对象的运动过程，也有可能捕捉到运动过程中出现的戏剧性细节，有利于从多角度观察被拍摄对象。

另外，对一些关键性的转瞬即逝的事件或动作，可以多机从多个角度同时拍摄，再一一编辑出来，使短促的瞬间变成数倍于它的观看时间，而且视点不同，给观众的视觉以极大的满足。如体育比赛中，跳水运动员一个十几秒的动作，由于多机拍摄，变成了好几个十几秒，观众可以从观众席、水下、水池对面等不同角度来观看和回味这同一动作。

多机拍摄对长镜头理论是一个冲击。单机拍摄时，长镜头在保持动作的连续性和声音的连贯性上十分重要。而多机拍摄时，可以有不同的分工，只要有一台机器保持全景的连续，其他机位则可以抓取不同角度、不同景别的画面，编辑起来会丰富得多，只要按时间顺序组接，其语言和情绪就会连贯。

多机拍摄的场面调度很重要，不同机位应有明确分工。多机运动拍摄还有一个特点，就是合理地把摄制者作为内容拍入作品。

第二节　剧情类摄影

作为一种视觉艺术，影像无疑是微视频最为重要也是必不可少的传达手段。从功能上来讲，影像既能交代叙事，也能表情达意，还能渲染气氛，并传达出美感，充分体现出微视频的影像魅力。因此，拍摄工作的重要性不言而喻。摄影师是拍摄现场最重要的人，也是导演最有价值的合作伙伴。摄影师的工作就是将导演的创作意图通过摄影机的画面、照明、调度等艺术手法实现出来。摄影师既要保证画面效果，同时还要保证后期制作的剪辑师有足够的素材能够将情节连贯地表达出来。

一、构图

构图是指摄影师为了表现一定的内容或达到一定的视觉效果，将被表现的对象以及各种造型元素，如线条、光影、影调、色调等有机地布局安排在整体画面中。画面作为视听语言的基本元素，每一幅画面都具有自身的严谨结构，并承载了丰富的相关信息，向观众传达出特定的含义。

在画面布局的过程中，导演要想把线条、形状、色彩、影调等元素有机地组织安排在一个矩形平面上，就要处理好主体和陪体、前景与后景、运动与静止之间的关系。构图既要多样，又要统一，要做到疏密得当、宾主各得其所。

1. 构图的基本方法：

不同的构图方法具有不同的表达意义，常用的构图方法主要有以下几种。

直线构图：充分显示事物的高大和深度。

水平构图：平静、稳定、开阔的感觉。

斜线构图：具有运动、失衡、紧张、动荡等感觉。

S 型构图：优美，突出韵律感。

X 型构图：透视感强，将视线从四周引入中心，或从中心向四周扩散。

井字构图：容纳较多背景与配体，感觉较为稳定。

向心构图：四周向中心集中，突出主体，也可能有压迫感。

放射构图：主体处于中心，景物向四周放射。多用于要突出主体而场面又较为复杂的情况。

三角构图：三个视觉中心组成一个稳定的三角形。

对称构图：具有平衡、稳定、相对的特点。

构图的具体方法有很多，摄影师可以根据作品的需要、导演的意图，以及自身的特点进行各种尝试，但通常都要牢记黄金分割的原则，利用黄金分割来确定画面长宽比、地平线的位置、光影色调的分配、画面空间的分割，以及视觉中心等，往往更符合观众的视觉心理。

2. 构图的总体原则

（1）传达主题

每一个画面都是为了表达剧情而设置的，因此在拍摄时要以剧情和主题的需要作为第一决定要素。导演对作品主题的思考感受只能通过影像画面传达出来，观众也只能通过画面领会导演的思想意图，把主题通过画面传达，而不需要各种注解和介绍，这样的画面才有它存在的意义。

（2）风格统一

作品的题材内容与导演的创作风格会决定摄影的画面风格，在构图上运用的技巧手法也就会产生相应的变化。摄影的风格基调要前后统一，一方面能够更好地表达主题，另一方面也为观众提供了一致的观赏感受，有助于对作品深入理解。

（3）突出主体

画面的主体通常是反映作品主题和内容的主要载体，因此也是画面构图理所当然的视觉中心，要给予重点表现。因为微视频作品是属于时间的艺术，镜头一闪而过，观众不可能单个镜头慢慢欣赏，所以必须使其对主次一目了然。如果画面以强调丰富多样为由，不讲求主体的突出，必然会造成凌乱的感觉，干扰和分散观众的注意力。

（4）视觉美感

作为视觉语言，是否具有视觉美感决定了观众对作品的第一印象，因此要注意画面的构图符合视觉心理，比如构图均衡，画面紧凑，合理利用线条、色块的各种可能性，使观众在画面的变化流动中始终感觉到和谐完整。

二、景别

景别是指被拍摄对象在画面中呈现的大小范围。景别作为一种重要的造型语言，是叙事和画面造型的重要手段，影响作品节奏变化，并且是显示导演风格的重要元素之一。

景别主要是由摄影镜头与拍摄对象之间距离远近的不同，以及焦距的不同产生的。它可以分为大远景、远景、全景、中景、中近景、近景、特写、大特写等不同种类，其中最常用的是远景、全景、中景、近景和特写这五种。

远景：被摄主体在画面的远处，看不清演员具体的表情动作，主要用于表现广阔的空间环境或群体场面。远景通常用来交代环境或借景抒情。

全景：呈现被摄主体的全身或场景全貌，强调被摄主体与环境的关系，具有描述性、客观性的特点。全景常用作进行空间或人物关系定位的镜头。

中景：呈现被摄主体膝盖以上或场景局部的画面，观众能看清人物的半身形体动作和情绪交流。中景同时兼顾了人物的表情动作和周围环境，常用作叙事性的描写镜头。

近景：被拍摄主体胸部以上或物体局部的画面，能看清人物面部表情和细节动作，有利于表现人物的内心活动，多用于叙事性强的动作镜头。

特写：被拍摄主体肩部以上或局部细节的画面，把被摄主体从周围环境中突显、独立出来，能够清晰地展示人物的表情、目光、神态等，具有很强的感染力。

由于景别是构成画面效果的重要因素之一，决定了画面信息量的大小、表现内容的主次与创作意图的指向，因此在拍摄时要进行精心的设计。

三、角度

画面要具有视觉上的冲击力，就需要采用令观众感到新鲜的拍摄角度，角度的选取是摄影师表达思想、刻画人物、营造视觉效果的重要手段之一。拍摄角度主要由拍摄的高度和方向决定，在拍摄距离不变的条件下，不同的拍摄高度和方向可以呈现出不同的构图变化，产生不同的画面造型效果。

1. 拍摄高度决定的角度变化

高度的不同形成了平角、仰角和俯角三种基本拍摄角度。

（1）平角

平角即摄影机与被摄主体位于同一个水平线上，这是较为常规的拍摄角度，符合人们的视觉心理和视觉习惯，画面的效果客观、中性、平和、稳定，但如果水平拍摄角度贯穿整个作品，则会由于缺少变化而显得单调乏味。

在常规拍摄中，如果被摄主体的高度与拍摄者身高相当，那么拍摄者身体站直，把摄影机放在胸部到头部之间拍摄，被摄对象不易变形，容易产生平等亲切的印象，同时这个高度也是握着摄影机最舒适的位置。如拍摄高于或低于这个高度的人或物，拍摄者可以相应调整摄影机的高度和身体姿势。

（2）仰角

仰角拍摄时摄影机处于被摄主体的下方，从下往上拍摄。近处景物醒目、突出，后景通常被前景遮挡，得不到表现，因而有净化背景的作用。仰角是富有表现力的拍摄角度，画面造型感强，有利于突出被摄主体的高大气势，多用于刻画伟人、英雄等。

如果是近距离的仰拍，透视效果更强烈，会使被摄人物显得更具有威慑力和压迫感，但是要格外注意分寸，因为容易造成透视变形，人物的面部表情会过于夸张，对人物起到丑化作用，若运用得当则能渲染气氛，增强视觉效果。仰角还能突出摄影机与被摄主体之间特殊的空间关系，为观众交代环境，增强真实可信性。

（3）俯角

俯角是指摄影机的位置在被摄主体的上方，镜头向下方拍摄，仿佛人站在高处向下看的视觉效果。俯拍镜头会削弱人物的气势，显得人物渺小孤独，使观众对画面中的人物产生居高临下的优越感。

超高角度配合俯拍视角用来展示大场景，会给人辽阔的感受，因此常用来拍摄大场面，如战争、球赛等。由于俯拍镜头会出现地面，因此容易缺少纵深的透视感。

2.拍摄方向决定的角度变化

拍摄方向是指以被摄主体为中心，在同一个水平面上围绕被摄主体选择拍摄点。不同的拍摄方向能够展示被摄主体不同的侧面形象，以及主体与陪体、主体与环境之间的不同关系。由拍摄方向决定的拍摄角度有正面、斜侧、侧面、反侧、背面等。

（1）正面

正面是指摄影机处于被摄对象的正面方向，展现其正面特征，画面端庄稳重。用正面角度拍摄建筑物，画面左右对称，凸显其雄伟庄严；用正面角度拍摄人物，则有助于观众迅速捕捉人物的长相特征、表情神态、形体动作等，容易与观众形成面对面的交流关系。尤其是需要通过人物的面部表情传达丰富信息时，可以采用正面平视角度结合近景或特写镜头来表现。

（2）斜侧

斜侧是指摄影机偏离了正面角度，或左或右在被摄对象的正面与侧面之间的范围内选择适当的拍摄位置。斜侧角度既能展现出拍摄对象一定的形象特征，又有利于表现景物的立体感和空间感，并可使被拍摄对象产生明显的形体透视变化，因此被誉为"最好的角度"。

（3）侧面

侧面是指摄影机位于被拍摄对象的侧面，镜头的光轴与被拍摄对象一般呈标准的 90 度夹角。侧面角度能勾勒出拍摄对象的侧面轮廓或身体曲线，使画面形式产生多样的变化，而且能更好地表现动作，如对话、拥抱、打斗等场面，因此又被称为"动作 / 运动角度"。

（4）反侧

摄影机从被拍摄主体的侧面环绕到背面，在侧面与背面之间的范围选择拍摄位置。与其他角度相比，这个角度具有一定的反常效果，因此往往能把拍摄对象的精神特点表现出来。

（5）背面

背面是指摄影机拍摄被摄主体的背面，丝毫看不到拍摄对象的面部特征和表情，传达的信息量相对较少。它经常用于悬疑、惊悚等类型的作品中，用来渲染紧张情绪，是设置悬念的有效手段之一。

作为重要的造型手段，拍摄角度要根据作品主题内容与拍摄对象的要求而变化，不同的拍摄角度之间并没有优劣之分，而应当相辅相成、互相配合，才能相得益彰。

四、焦距

焦距是指从镜头的镜片中间点与光线能清晰聚焦的那一点之间的距离。焦距的长短决定镜头的视野和景深的范围，画面中景物的透视关系也会受到影响。如果在同一距离上拍摄一个物体，镜头的焦距越短，背景的物体与前景相比显得越小；反之，镜头的焦距越长，背景的物体与前景相比会显得越大。

1. 分类标准

根据焦距的不同，镜头可以分为标准焦距镜头、长焦距镜头、短焦距镜头。

（1）标准焦距镜头

标准焦距镜头是指焦距接近或等于画面画幅对角线长度的镜头，通常是指50毫米的镜头。标准镜头是模拟人眼制造出来的镜头，拍摄出来的影像内容真实、自然，通常不会出现变形，透视效果也正常，多用来交代客观真实环境和人物关系。需要注意的是，标准焦距镜头用来近距离拍摄特写，会造成人物变形。

（2）长焦距镜头

长焦距镜头是指镜头焦距长于50毫米的镜头。用长焦距镜头拍摄，纵深空间中的景物只有在聚焦点前后很少的范围内形成清晰影像。由于压缩了真实的纵深空间，透视关系被削弱，背景虚化，因此画面主体被凸显出来。长焦距镜头还经常被用于从远距离拍摄近景镜头，可以把远处景物拉近，因此非常适合偷拍，以产生纪实效果。

（3）短焦距镜头

短焦距镜头又称为广角镜头，是指镜头焦距小于50毫米的镜头。常见的有35mm、28mm、1.85mm、0.9mm等几种规格。短焦距镜头有视角大、视野开阔、景深范围大、纵深感明显的特点，画面中的影像近大远小。用短焦距镜头拍摄物体或人物在画面内的横向水平运动速度感较弱，纵向运动速度则比较强烈。用35mm、28mm的镜头拍摄近景，既能把人物向观众推近，又能交代一定的环境，但是焦距越短的镜头内画面的线条越容易出现畸变，可以通过这种手段达到特殊的艺术效果。

根据焦距的可变程度，可以分为定焦距镜头和变焦距镜头。

（1）定焦距镜头

定焦距镜头是指只有一个固定焦距的镜头，没有变焦功能。定焦距镜头设计简单，具有对焦速度快、画面质量稳定的优点。

（2）变焦距镜头

变焦距镜头是指摄影机位置不变，通过安装在机器内部的变焦距镜头的内部变化就能够得到不同的视场角、不同影像的范围和大小的镜头。摄影师可以通过焦点的变化，有意识地控制景深范围，构成画面纵深空间中两点之间的情节线。倍数越大，镜头延伸的功能就越强。另外，变焦距镜头还可以通过推拉的手法，形成特殊的运动节奏，从而造成视觉冲击力。

2. 景深

景深是指距离摄影机镜头最近清晰影像到最远清晰影像的距离，即对焦清楚的范围。景深与焦距、光圈、物距等因素有关，短焦距镜头的景深长于长焦距镜头。物距越短，景深越小；物距越长，景深越大；光圈越大，景深越短；光圈越小，景深越长。

（1）大景深

大景深是指摄影时位于调焦平面前后并能结成相对清晰影像的景物之间相对较大的纵深距离。小光圈、短焦距可获得大景深。

大景深具有纵深感和立体感，能够清晰地交代画面中被摄主体与环境之间的关系，适合用来表现宏大的场景，如大型体育比赛、山河风光等。

（2）小景深

小景深是指摄影时位于调焦平面前后并能结成相对清晰影像的景物之间相对较小的纵深距离。大光圈、长焦距可获得小景深。小景深能够虚化背景与环境，使画面简洁明了，被摄主体更为突出，从而引导观众的注意力。

3. 焦距的作用：

（1）叙事

不同的焦距镜头叙事方法不同，长焦距镜头用于指向明确的叙事，而短焦距镜头往往应用于更加复杂、丰富的叙事。

（2）抒情

用于主观镜头时，长焦距镜头给人以心理上的亲切、熟悉的感觉；短焦距镜头让人感觉生疏冷漠。异常的变焦速度有助于表达特殊的情感情绪。

（3）风格

导演与摄影师的创作风格在很大程度上会通过焦距的使用技巧呈现出来。

五、运动

微视频作品的最大魅力就是能够在短时间内为观众展示运动的影像，并通过运动影像传情达意。因此学会如何使用运动镜头是微视频拍摄的关键步骤。

（1）推镜头

推镜头是指摄影机沿着拍摄方向接近被摄对象，摄影机的光轴与移动路线之间角度不发生变化。推镜头可以分为机位推和焦距推两种方式，虽然两种方法都是向一个主体目标运动，拍摄目标都会逐渐放大，但是前者透视关系发生了变化，而后者画面中所有部分的大小变化几乎相同。

推镜头具有明确的指向性，可以用来展示被摄主体和整体环境的关系；也可以用来强调被摄主体，起到突出细节的作用；还可以用来刻画人物的心理活动。

使用推镜头时要注意画面构图的完整统一，保证被摄主体始终清晰地位于画面结构中的视觉中心，起幅、落幅要平稳，推镜头的运动速度也要与画面的内容和情绪相吻合。

（2）拉镜头

拉镜头是指摄影机沿着拍摄方向远离被摄主体，摄影机与被摄主体的距离越来越远，画面主体由大变小，周围环境逐渐加入。拉镜头也可以分为机位拉和焦距拉两种方式，二者的相同之处是主体目标都会缩小，不同之处在于前者透视关系发生变化，而后者只有焦距的改变，画面没有运动透视感。

拉镜头可以用来表示一个场景或作品的结束，也可以用来从局部到整体加大信息量，还可以用来制造比喻、对比、衬托、讽刺等修辞效果。

（3）摇镜头

摇镜头是指摄影机不发生位移，而只是借助一定的设备（如三脚架、云台或身体），使镜头沿着上下、左右或斜线、旋转等方向作运动拍摄。拍摄过程中摄影机的位置和拍摄对象的距离不发生改变。

摇镜头可以完整地展现空间环境，适合表现开阔的场景；可以用来拍摄连续的运动过程，保持空间的完整统一；还可以用来制造戏剧性效果，形成紧张的戏剧冲突。

使用摇镜头时要力求平稳匀速，速度要与剧情需要相吻合；还要把握摇镜头的起幅和落幅，并略作停留，为观众留出注意时间。

（4）移镜头

移镜头是通过移动摄影机而拍摄的镜头，可以是横移／平移、纵深移／竖移、斜移、曲线移等，能够造成跟随、环视等不同的动态效果，参与感和现场感较为强烈。

移镜头适合表现开阔、多层次的宏大场面，取得全方位的视觉效果；移镜头还适合展现运动的过程；移镜头完整、流畅、富有动感和变化，画面造型丰富连贯。

由于移镜头持续时间较长，拍摄时要注意时间和节奏的把握，还要注意对灯光和构图的控制，尽量将不需要的物体排除到画外。

（5）跟镜头

跟镜头是指摄影机与被摄对象保持等速运动拍摄。拍摄微视频作品多用数码摄像机，轻便小巧，非常适合跟镜头的拍摄。根据摄影主机在被摄主体的前方、后方、侧面等方位的不同，主要可以分为前跟、后跟、侧跟三种方式。

跟镜头能够连续而详尽地表现运动中的被摄对象，既能突出主体，又能交代主体的运动方向、速度、体态及其与环境的关系，保持了时空的连贯性、整体性，而且观众与被摄对象之间的视点相对稳定，现场感和参与感更为强烈。

拍摄跟镜头时要注意被摄主体的构图位置，避免主体跑出画面然后再入画的低级错误；还要尽量做到背景的影调、色调与主体的反差，以加强画面的视觉效果。

（6）升降镜头

升降镜头是指摄影机由低到高或由高到低的移动拍摄，可以作垂直、斜向、横向或弧形的移动，也可以与不同方向的运动结合起来，构成更复杂的运动方式。

升降镜头适宜拍摄大场景，以营造恢宏的气势；还能把被摄主体拍摄得更加完整和清楚；升降镜头也常用来表达抒情和象征意味。由于升降镜头通常使用摇臂等较大型的机械工具，因此在微视频作品的拍摄中用得相对较少。

在任何一个微视频创作中，都离不了运动镜头的拍摄，但是也要注意运动镜头是一种有意义的表达方式，要避免过于随意使用。而画面的稳定清晰则是拍摄运动镜头最起码的前提。

六、光线

光线是影像造型语言的重要元素之一，不仅直接影响到微视频作品的视觉效果，而且对作品的基调和风格也起到一定的作用。

1. 光线的分类

光线有不同的分类方法。每一种光线都具有自己的特点及功能作用。

（1）按照光线的性质可分为硬光、软光

硬光又称为直射光线，是指由太阳、聚光灯等从一个方向直接照明的光线效果。硬光与被摄对象之间没有阻挡物，光线的强度和反差都较大，被摄对象的表面形成明显的受光面和背光面，并产生清晰的阴影和边线。硬光多用作画面的主光。

软光又叫散射光或柔光，是指柔光灯和发光面较大的光源发出的与画面反差小的光线。软光没有明显的投射方向，光线柔和，照度均匀，被摄对象的阴影和边缘都不明显。

（2）按照光线的方向可分为顺光、侧光、逆光、顶光、底光顺光是指光线的投射方向与摄影机的拍摄方向一致，灯光高度和摄影机高度相近，基本处于同一水平面上。顺光的特点是被摄对象受光均匀，画面明亮，能够清晰地呈现出被摄对象的样貌，较好地还原被摄对象的固有色彩。阴影则被被摄对象自身所遮挡，画面影调柔和，没有强烈的明暗对比。

侧光是光线从侧面照射到被摄对象上，光源的投射方向和摄影机拍摄方向基本呈 90 度角。被摄对象会形成明确的受光面、背光面和阴影部分，构成强烈的明暗对比，能鲜明地表现被摄对象表面的凹凸结构和立体形状。

逆光是光线位于被摄对象的后方，光源的投射方向和摄影机的拍摄方向基本呈 180 度。被摄对象大部分处于阴影之中，只能看到背光面和投影而看不到受光面，画面的影调较暗，但被摄对象的边缘会显得异常明亮，可以鲜明地勾勒出被摄对象的轮廓特征。逆光能使主体从背景中有效分离出来，起到突出主体的透视效果。

顶光是指光线来自被摄对象的上方。垂直面照度较小，可以突出被摄对象的顶端特征，如突出人物脸部的骨骼，凸起部分如眉弓、鼻梁、颧骨等处明亮，而眼窝、鼻翼处阴影浓厚，形成反常规效果。

底光是投射方向由下向上，从低处照明被摄对象的光线。底光会突出人物深陷的眼窝，使面部形象狰狞可怕，经常用来营造惊悚氛围，增强悬念，因此又被称为"骷髅光"或"魔鬼光"。

（3）按照光线的来源可以分为自然光、人工光

自然光是指自然发出的光，如阳光、月光等。自然光的范围广，画面效果真实自然，但无法控制亮度、角度、距离等因素，因此使用自然光时，要注意季节、气候、地理位置等条件。

人工光是指由灯光、反光器等加工制造的人工器械发出的光线。人工光能够完全按照需要来控制，不必受到客观条件的限制，因此能够增加画面的写意倾向，从而表达出创作者的主观意图。

2. 布光的基本步骤

常规布光的基本步骤是：

第一，确定主光位置，对被摄对象做初步造型。一般主光源放在摄影机左右两边约 30 度角的位置，与地面成 40 度角，略高于主体。

第二，布置辅助光，以弥补主光的不足。辅助光通常设置在相对于主光位置的

摄影机旁边，用来补充主光表现不足之处，平衡画面亮度，减弱主光投射时产生的阴影。要注意辅助光不能超过主光的亮度。

第三，布置轮廓光，用来区别主体和背景，以增强空间感。轮廓光放置在被拍摄对象的后方或侧后方，灯位比主光稍高一些，能够对被摄主体的边缘与头发起修饰作用，能够突出主体，并使画面层次更分明。

第四，布置背景光，用来交代环境背景。背景光能够营造环境气氛，设置背景光要注意整体光调的和谐统一，亮度不能超过主光。

3. 几种常见布光方法：

（1）前侧光照明：

第一步，用一盏灯做主光，从摄像机一侧与拍摄方向大约 30～60 度的位置照明，形成前侧光。

第二步，若阴影面太重，加一盏灯或用反光器材进行辅助照明，提高亮度，保持适当光比。若使用反光板，则位于被摄者阴影一侧；若使用灯光则尽量靠近摄像机。辅助光不能太高，被摄对象黑眼球上形成的光点位于瞳孔上沿时最佳。

第三步，若需调整背景的明暗，则加减背景灯进行调整。

第四步，主光灯通常略高于被摄者头部，但不能太高，要避免眼窝、鼻影、下巴投影过重。

（2）顺光照明效果：

第一步，可用两盏灯，也可用一盏灯完成。用两盏灯时，一般用加了柔光纸的两盏功率相同的灯，从靠近摄像机左右两侧的位置以同等距离，略高于摄像机的高度投向被摄者，两灯不能太高，以避免脖子、鼻子下方的阴影过重；用一盏灯时，应略高于摄影机，从其后方投向被摄者，如果面部两侧阴影太深，可以用反光板冲淡。

第二步，脸型匀称适用顺光照明；若被拍摄者脸型宽大，或两侧明显不匀称，则宜用前侧光与侧光，利用阴影对过宽位置进行遮挡。

（3）侧光照明效果：

第一步，主光从被拍摄者一侧与摄像机镜头呈 90 度方向投射。由于阴影面积较大，经常用到辅助光线。

第二步，主光灯与辅助光灯均不宜太高，否则脸部上方受光多而下部受光少，显得影调不均匀。辅助灯光位置尽量靠近摄影机。

第三步，脸型太胖或左右两侧明显不对称时，可用侧光照明利用阴影进行遮挡。

七、色彩

作为重要的造型因素，色彩不仅可以再现客观世界，还能将内心世界外化表达出来，增强感染力。因此在处理色彩时，不仅要准确还原色彩，还要考虑如何充分发挥其艺术表现力。

1. 相关概念

（1）色别，即色彩的差别，是某一色彩区别于另一色彩的主要特征。又称为色相。

（2）饱和度，即色彩的相对纯度和鲜艳程度。

（3）明度，即色彩的明亮程度。反光率、透光率越大的颜色明度越大，反之则越小。

（4）色调，即一部影片在段落或整体的色彩运用上所体现出来的比较鲜明的倾向。

2. 色彩的作用

从创作者的角度来讲，色彩基调能够赋予作品或明朗或压抑、或庄重或活泼等不同的情调，使色彩成为创作者刻画人物、表情达意、渲染气氛的有力手段。

从观众的角度来讲，色彩能使画面中纷繁复杂的颜色和谐统一，给人愉悦的视觉感受，并有助于观众更加深刻地理解影片的内容与主题。

3. 几种色彩的情感联想

红色：波长最长，对人眼的刺激性最强，令人感到兴奋、激动。对中国人而言，红色代表喜庆、生命、活力和革命；对西方人而言，红色却往往是暴力、血腥和危险的象征。

黄色：对中国人而言，黄色象征着荣华富贵，尤其是明黄色在封建文化中专属于皇室贵族；对西方人而言，黄色的寓意是邪恶、疑惑、不安、狂躁等。

蓝色：营造寂寥、凄凉的意境，给人忧郁、绝望、冷酷的心理感受；也可以象征着平静、安适、自由。

绿色：象征着希望、和平、稳定、安宁。

黑色：带给人的直观感受是阴暗、凶险、邪恶、压抑、神秘，象征着死亡、绝望、悲哀、恐惧等。

白色：可以代表纯洁无瑕、高雅尊贵；也可以喻示苍白无力，表现人物的病态或虚弱、怯懦；或隐喻梦幻的超现实时空，或直接表现虚幻的梦境。

4.色彩的处理原则

（1）色彩的对比与和谐

视觉的和谐是色彩处理时首先要注意的，不管采用怎样的方案，同类色、相似色、消色等都要达得和谐的效果，既要有不同色阶的变化，又不能过于突兀。

（2）讲究色彩的布局

画面上不同的色块不能等量分布，而要有轻有重，将视觉重点凸显出来，这样才能做到突出主体，从而起到传达创作意图的作用。还要注意不同的色块要避免零碎杂乱，要对其进行精心的设计安排。

（3）找准色彩基调

要找到适用于主题情绪的色彩基调，或具有抽象与象征意义的色彩，不仅在单幅画面中予以展现，在上下衔接中也要体现出来，并在作品中一以贯之。

5.色彩的调节手段

（1）运用场景、道具、服装、化妆

调节作品的色调，首先要考虑如何运用拍摄环境或道具中的色彩因素；其次要考虑服装、化妆等因素进行色彩调节，以适应主题和剧情的需要。

（2）运用色温、滤色片、照明

可以根据色温通过调节白平衡的方式实现色调调节，也可以加滤色片改变画面色彩，还可以通过照明对拍摄现场的光线进行修正，以满足色彩呈现需要。

（3）运用后期合成技术

拍摄完成后，还可以通过后期合成手段对作品进行调色。

八、轴线

轴线是由被摄主体的运动方向、视线方向和被摄主体之间的关系所形成的一条假想的直线。轴线的运用是进行连贯调度的基本组织形式，也是串联叙事内容、人物关系、表达情绪和创作意图的重要手段。拍摄中应遵循空间统一的规律，即规定摄像机拍摄总方向限制在轴线（被摄主体）同一侧，如越过轴线，就会破坏空间同一感。

（一）轴线的分类及处理方法

1.方向轴线

由被摄主体的运动方向、视线方向所形成的轴线叫方向轴线。方向轴线又可以分为运动轴线和视线轴线。

运动轴线是由动态方向形成的，可以是直线也可以是曲线。拍摄被摄主体的运动镜头时，选择的摄影位置应该在运动轴线的同一侧。常规拍摄中，通常为了叙事的需要，或者是拍摄环境的客观限制，被摄主体的运动过程往往被切分为若干个镜头，这时一方面要注意镜头的数量要合适，太少无法充分展现运动过程，太多则会影响运动的连贯性；另一方面要注意分割点的定位，要在被摄主体出画、动静转换或运动转向不久之后，等等。

2. 关系轴线

由被摄主体之间的关系所形成的轴线叫关系轴线。不同的场景中，关系轴线的处理方式不同。

（1）两人对话场景

两人对话场景要遵循三角形原理。即两人之间存在一条轴线，通常在轴线一侧设置三个机位，这三个机位形成一个底边与关系轴线平行的三角形。三角形顶端角上是主机位，另外两个点是副机位。

两人对话场景有几种机位布局：

①外反拍机位

位于三角形底边的两个机位分别处于两个对话主体的背后，镜头向内侧分别把对话者摄入画面。外反拍镜头的画面中，两个人物互为前后景，画面的空间透视效果较为强烈。需要注意的是，背向观众的人在画面中的脸部一般不露出鼻尖。

②内反拍机位

位于三角形底边上的两个机位分别处于两个对话主体的背后，靠近关系轴线，镜头向外，分别把两个对话者摄入画面。内反拍镜头在画面中只有一个主体而无陪体，常以近景别出现。

③平行机位

位于三角形底边上的机位的视轴与关系轴线垂直，相互平行。大多是中景、近景或特写，被摄主体为侧面。

④正反打机位

三角形的底边与关系线重合，底边上的两台摄影机背对背拍摄，拍摄的画面是另外一个人的视点。

（2）三人对话场景

①一条轴线处理方式

即把三人对话场景处理成两人对话场景。先用主机位交代三人空间关系，然后用外反拍、内反拍、平行、正反打等机位分别拍摄一个人和另外两个人。一般而言，单个镜头拍摄的人物即三人中的主角。

②多条轴线处理方式

当三人呈三角形位置站立时，就会形成三条轴线，此时可先用主机位交代三人的空间关系，然后分别拍摄三人的单个镜头。

（3）多人对话场景

如果对话主体少，可处理成单轴线方式，即两人对话模式。可以是一个人对一群人，也可以是几个人对几个人；如果对话主体多，可处理成多轴线模式，先用主机位交代空间关系，再分别拍摄每个主体。

（二）合理越轴的方法

越轴是指摄影机在镜头转换过程中冲破虚拟界线，到轴线的另一侧拍摄。越轴会造成画面上动作方向或人物之间位置关系的混乱，给观众带来视觉混淆与理解困难。因此如果摄影机确实需要到轴线的另一侧拍摄，就必须借助一定的方法进行合理越轴，以避免越轴所产生的视觉冲突感。

1. 利用远景或全景镜头越轴

在越轴前所拍摄的镜头和越轴后所拍摄的镜头之间插入一个远景或者全景镜头。因远景或全景镜头中，被摄主体的空间总体位置比较明确，因此可以减弱相反方向运动所产生的冲突感。

2. 利用特写镜头越轴

突出局部或人物情绪反应的特写可以暂时集中观众注意力，从而减弱相反方向运动所产生的冲突感。

3. 利用中性镜头越轴

中性镜头是指骑在轴线上拍摄的镜头。由于中性镜头的方向性不明确，从而能够产生视觉上的过渡作用。

4. 利用主观镜头越轴

主观镜头代表画面中人物的视线，可以引导观众进行观察或思考，从而缓解越轴的冲突感。

5. 利用被摄主体的运动改变原有轴线

在两个运动方向相反的镜头之间插入一个被摄主体运动路线可以合理越轴。

6. 利用摄像机的运动来越轴

摄像机通过自身的运动越轴，在画面中能够清楚地显示出越轴的过程。

7. 利用双轴线越轴

在某些特定场景中，可能既存在关系轴线，又存在运动轴线。如果是小景别构图，通常以关系轴线为主；如果是大景别构图，通常以运动轴线为主。

轴线是影视画面中形成人物位置关系、视线关系、运动方向关系的重要表现手段，能够清楚地表明相关逻辑关系，有助于观众对作品的理解。因此在拍摄时要给予重视。

第三节　新手摄影技巧

（一）摄影装备的选择

1. 学习摄影是不是一定要用单反相机？

其实并不是的。学习摄影需要完全掌控曝光、对焦这些知识等，所以相机只要有手动曝光功能，设置为 S、A、M 档就可以了，像微单、高端一点的 DC 都可以。不过不建议新手学习摄影买小 DC，一些微单和单反都是可以的。但并不是非要单反不可，因为单反很笨重，很多人对它的兴趣越来越小。

很多人后悔手里的器材买错了，其实，当你会摄影了，也就自然知道自己要什么器材了。只要器材有 S、A、M 档，以及一些基本的对焦模式，我觉得就可以很好地学习摄影。

2. UV 镜一定要最好的吗？

UV 镜在数码相机时代就是一个保护镜片。保护镜片，说白了就是随便擦、随便造，坏了不心疼再换一个，只要镜头的镜片不伤就可以。所以这样一个镜片为什么要买好几百乃至上千的？有人说，越贵的 UV 镜越通透，是的，一点错都没有。但是那片 UV 镜真的会影响拍摄大片吗？要是真的影响，拍大片的时候，把 UV 镜拧下来就行了。所以 UV 镜真没必要追求最好的，大品牌的即可。

3. 有没有适合新手入门的器材？

目前主流的相机都适合新手入门。其实这个问题背后的问题是：对于新手来说是否应该选择便宜一点的相机？或者选择操作简单一些的？专业单反会不会难上手？

从价格来说，几乎所有有经验的摄影爱好者都知道，要买你能力范围内最贵的相机，这才是真正的省钱之道——因为不折腾才真省钱。

至于相机是否专业，就取决于相机机身上按钮的多少。其实越高级的机身，机身上的按钮就越多，自定义的能力也越强，这样会让你操作更快。而一般意义上"入门级"机身的很多设置反而要频繁进入菜单，这样操作起来更烦琐。

真的高手，一定会手持利器。

（二）摄影技能的掌握

1. 是不是一定要用 M 档曝光？

很多人都说拍照一定要用 M 档控制曝光。其实大可不必，95% 以上的照片都是 A 档拍摄的。少量需要控制快门速度的是 S 档拍摄的，极少数是 M 档拍摄的。只有在超出相机测光范围、拥有固定曝光参数、使用闪光灯或者现场光频繁变化等一些极特殊的情况下才会用 M 档。如果明白了相机曝光的原理，那么用什么档其实都是一回事。用 M 档最多的时候就是拍月亮。

2. 手动对焦是不是更准？

并不是，多数情况下手动对焦的成功率远小于自动对焦的成功率，尤其对于新手而言。相机厂商花了那么多年的时间研发并不断改进的自动对焦系统，难道还不如一个新手的眼神和技术么？手动对焦和手动曝光是一样的，在一些极端情况下才使用。比如你摆拍的时候，比如拍摄一些高速移动物体，自动对焦完全无法工作的时候，但这种情况很少。所以，新手还是多用自动对焦吧。

3. 是不是小光圈成像更好？

或许这个观点在胶片时代还有些立足点，但是现在已经恰恰相反。首先，数码相机的分辨率已经很高，光圈越小，衍射情况越明显，画质会变得很差；此外，目前的镜头设计理念和之前有很大不同，新镜头的设计就是按照最大光圈的最优效果设计的。所以新镜头往往是大光圈的时候画质好，当光圈小于 F11 的时候，画质很差。这个理念很好，最大光圈都不能用的话，要那么大光圈有何用呢？

4. 天黑就开闪光灯？

别说新手了，许多所谓专业摄影师也完全搞不懂闪光灯，闹出了很多笑话。举个例子：我们看一些开幕式的时候，看台上闪光灯如星光一般闪烁，或者晚上拍摄名山大川的时候，嫌远处的山太黑，也开闪光灯。其实，一点用都没有。告诉大家一个简单的公式，GN 值 = 光圈 × 距离。GN 值是闪光指数，差不多就是你闪光灯的最厉害的亮度指数。厉害的外闪差不多有 GN 值 60 的，如果你的光圈是 F2.8，最多也就照亮到 20 米左右的距离，有时候你压根没办法开闪光灯。

5. 靠后期一切都能很美？

首先要先强调一点，后期对于摄影来说非常重要。一张照片不做后期在多数情况下只能算半成品。教学照片很少有后期的主要原因是需要教授摄影技巧，所以要先看原片，这样学会了技巧之后就能达到同样的效果。

但是一开始学习摄影的时候就太注重后期的效果，反而会让你忽略掉你照片本来的内容，失去了摄影的本意或者你的拍摄技巧。比如，一个景色并不好的傍晚、一个并不好的场景，但是依靠后期你依然可以调整出色彩绚丽的天空。

可能地面的景物并不好看，可能这不是一张好照片，但是很多新手依然会对于此兴奋不已，因为他们只能看到照片的一部分——看起来好看的那部分。

渐渐地，新手们会发现自己的内心很容易被后期所满足，于是不再关心拍摄内容与拍摄技巧，渐渐走偏了。要么色彩浓烈得过分，要么追求大反差黑白。

新手们认为黑白能掩盖一些瑕疵，如果不能，那么就提高反差。殊不知黑白照片要关注灰度，也许不同的颜色在转为黑白之后会表现成同样的灰度，起到简化画面的作用。无规律的彩色在转成黑白之后可能会形成规律性的灰阶，这也有助于表达某些场景。

所以做后期其实有很大的学问，但这也要建立在前期拍摄的基础上。因此，初学者依赖的后期，在专业老师眼中看来，可能只是玩闹而已。

前期拍得好，才能让你的照片大有可为。

（三）关于摄影的几大误区

1. 我们要敢于打破常规

老师点评照片的时候经常说你应该按规矩来做，比如构图三分法。然后常常有人说，规矩不就是用来打破的吗？不打破怎么突破瓶颈呢？这其实是很可笑的，属于没学会走就想着跑的。很多大师打破常规，但人家是有目的有意义地去打破。为了打破而打破，初学者切忌不明所以、胡乱运用。要先学会基础，有了本事，明白了其中的道理，再去打破常规不迟。

2. 若是零基础，去影楼没有用

很多人连光圈、快门都没弄明白，就希望我给他们摄影之路的规划一个肯定。

他们的规划是：找一份影楼的工作，器材问题就解决了，摄影师还会教技术，学会了一身本领，同时也挣到了第一桶金，之后自己开一家影楼，之后全球旅拍，单子越来越多，从此走向人生巅峰……而实际情况是，因为你没有摄影基础，所以有点名气的影楼压根不会要你。即使你能去工作，你可能也根本接触不到相机，摄影师也未必能教你技术。还有就是，国内的影楼大多水平不高。

3. 内容永远比技巧和器材重要

在摄影中，有一件事会被反复强调，那就是如果想拍到好视频，就要到达值得你拍摄的场景及发现有价值的瞬间。首先是这张照片的场景和瞬间到底值不值得拍，其次才会从取景、曝光、虚实、构图来具体分析。所以，如果是随意拍的，是不值得具体分析的，因为找问题可能要比拍摄花更多时间。

请记住，拍摄技巧和器材远不如你拍摄的内容重要。发现值得拍摄的场景和瞬间，才是最重要的。

4. 追求摄影技术不如追求摄影艺术

很多新手盲目追求所谓的摄影意境，所谓个人风格。追求是好的，但是不能盲目。如果连最基础的摄影技术都没有，这种追求只能是你摄影道路上的拦路虎。在我看来，摄影就是表达自己意图的一种方法，你的技术越高，你能表达的就越淋漓尽致，你的意境就越深远。没有好的摄影基础，其他都是没用的！

（四）构图常见的错误

1. 总是居中特别呆板

拍摄的时候，新手会不自觉地将画面的主体放在画面的正中间，这属于习惯。同时相机单点对焦时，默认的对焦点都是中心点，新手们可能在拍摄的时候顾及不了那么多。熟练一点的知道画面中心对焦点往往是最好用的对焦点，所以也习惯这么用。新手看老手这样做，更加坚定了中心对焦的方法。其实中心对焦的方法确实好用，一般情况下先对焦后构图也没问题。先对焦，之后再构图。很多新手只是对焦，然后就拍了。如果一定要居中呢？记住居中就要有个大主体。居中法构图是指一定有个大主体画面是左右对称向远处延伸的，也可以把小主体居中放置。你可以后期裁切，但是往往会损失像素。除了主体居中放置以外，很多人还喜欢将重要线条（地平线、水平面）放在中线。其实学过三分法构图的都知道这样会让画面显得非常呆板。

一般来说，地平线或者水平线这样的重要线条都是放置在三分线上的。如果天空好看，可以天空多一些，就放在下三分线上。如果地面或者水面好看，也放在三分线上。如果是表现辽阔感，就放在三分线下，甚至可以再往下压压。

那么是不是水平线永远不能放置在中间呢？也不是，如果出现上下对称的时候是可以的，比如：倒影。

2. 该水平的线不水平

这是很多新手容易犯的错误。水平线一般就是要水平的。很多人问为什么不能斜着？因为那不叫斜，叫歪。

水平线明显倾斜的，会给人很不稳定的感觉。

3. 前面空间小后面空间大

当画面中的人或者物有朝向性的时候，构图就要注意了。你拍个人，面朝你，那么人物摆放方式就会多一些。但是人或者物朝左或者朝右，就不是这样了。

就算是没有学过摄影，凭借感觉也知道面前要留空间。这也可以后期裁切，但是损失像素。

4. 把人拍得太矮

拍摄人物肖像照的时候，如果是半身像或者全身像，记住，人的脑袋千万别放在中线上，更不能放在中线下，否则会显得人非常矮。

5. 切人的位置不对

拍摄人像的时候，切人的位置也是很有学问的，很多地方不能切。简单来说，就是所有关节最好都不要切。如果画面中有水平线的时候，切人的问题也存在。

（五）构图的基本知识

1. 点

点在中心受力均衡，所以显得呆板；

点在画面上方显得会上浮；

点在画面下方显得会下沉。

2. 线条

横向线条显得开阔；

纵向线条显得高耸；

曲线显得柔和以及绵延。

3. 三角形

正三角形显得稳定；

倒三角形显得不稳定、有冲击力；

楔形三角形会产生动感。

4. 方形

方形显得稳定。

5. 圆形

圆形会让画面产生紧凑感、中空的形状；

圆形会让人视觉停在中心，聚集目光。

（六）摄影时常用的构图

1. 居中构图

将一个大主体放在中间。

2. 对称构图

画面结构中心对称。

3. 三分构图

画面从上到下三等分，从左到右三等分。画面中会有四条三分线，同时画面会有四个三分线交点。重要线条放在三分线上，重要元素（主体、着眼点）放在三分线交点上。着重表现的部分占的面积更多，决定了横线条放上面还是放下面。有朝向的元素，前方要留更多空间，决定了放左边还是放右边。当要表现得更加辽阔的时候，地平线（水平面）可以继续往下压，打破三分法，甚至可以将画面9：1分配。

4. 三角构图

正三角形显得稳定；

倒三角形显得不稳定——速度感、不安定感、动感。

5. 框架构图

框架中心的元素（主体、着眼点）会被突出。

6. 重复法构图

单一元素不断重复，尽量充满整个画面；

透视效果造成引导线构图；

透视效果会造成延伸感；

引导线会让主体更容易被看到。

7. 曲线构图

曲线的运用在视觉的方向引导上起作用，达到持续变化的效果。我们可以运用真实存在的点位安排来产生曲线，既包括规则曲线，又包括不规则曲线。

（七）摄影时常犯的错误

1. 没对上焦

不管是没对上焦，还是对焦位置选得不对。没对上焦往往会造成画面主体不清晰。这是新手容易犯的错误，一般拍一段时间就不会出现这种问题了。记住对焦一定要对准你的主体。

2. 余弦误差

有时候新手拿到大光圈镜头之后，就会使劲把光圈开到最大。但是景深太浅，拍摄的时候先对焦后构图就会出现余弦误差。先中心点对焦在人脸上，之后下摇相机焦点就跑到后脑勺了。拍人像时一般为摆拍，不是抓拍，所以可以先构图再调节对焦点。

3. 景深太深或者太浅

景深太深，就是将该虚化的没虚化好；景深太浅，就是将该拍清楚的没拍清楚。

关于景深的虚实我们总结一下：对焦在哪里，哪里就是清楚的。如果其他的元素也在对焦平面上，那么它们都是清楚的。不仅如此，如果其他元素在景深范围内，即使不在对焦平面上，它们也是清楚的。

4. 快门速度造成的虚实错误

（1）手抖造成的虚

最慢的快门速度应该是你使用的焦距的倒数。简单地说：你用 200mm 的长焦镜头，快门速度至少要 1/200 秒才能保证拍摄可能不模糊。要是新手，就要焦距的 2 倍的倒数，也就是如果 200mm 的焦距，至少要 1/400 秒的快门速度才行。所以一旦你达不到安全快门速度，虚也就不可避免了。

有人说，用防抖镜头或者防抖相机不就行了么？是的，一般防抖都是 3 档，好的据说 5 档。但是实际效果怎样才是标准的呢？我建议防抖最多提 3 档，也就是你的安全快门速度可以慢8倍。然后慢到1/8秒的时候，防抖基本上都没用了。所以一旦快门慢下来，人手的抖动就显露无遗了。这是生理结构，不可能有什么突破。

怎么办呢？很简单，提高快门速度或者将相机固定在三脚架上都可以。如果没有三脚架的话，就提高快门速度——比如通过提高感光度。有人说"可以开大光圈"，但一般这时候你的光圈已经最大了，但还是达不到安全快门速度。

提高感光度很多人不愿意，因为会降低画质。但是记住这句话：相比手动造成的画面模糊直接毁掉照片，提高感光度带来的画质下降根本不算什么。

（2）没有凝固画面主体

当画面的主体是静止的时候，我们架上三脚架就可以实现慢门的虚实结合了。但是当画面中主体是运动的时候，我们固定相机使用慢门拍摄，主体就虚了。

当画面中的主体是运动的时候，怎么办呢？

正面例子：

① 提高快门速度

提高快门速度可以凝固瞬间，这一点毋庸置疑。当然用闪光灯也可以拍摄到清晰的主体，因为闪光灯可以让你自然提高快门速度。

② 使用闪光灯 + 慢门

慢门拉曝是利用慢门拍摄，同时变焦。这样画面中的东西就有一个大小的变化——也是一种运动。只要是运动变化，就一定是虚的。但是利用闪光灯一闪，就可以让画面凝固住其中一个瞬间，自然画面中就有清晰的瞬间了，虚实结合。

如果不是用拉曝的方式仅仅是主体在画面中运动，原理是一样的，闪光灯会凝固一个瞬间，而其他长曝的时间主体都以虚影的状态呈现。

③ 追随的拍摄手法

当主体运动的时候，我们可以手持相机，追着主体拍摄，和主体保持相对静止。如果相机和主体保持了相对静止，那么即使是慢门，主体也是清晰的。因为相机在移动，所以绝对静止的背景和相机就有了相对移动，背景自然就虚了。

④ 后期涂抹背景虚化

后期涂抹这是近一两年才流行的，往往见于手机后期处理，很多新手喜欢这么做。

（八）新手摄影注意事项

第一，"构图"永远是按下快门之前要做的，甚至在你打开手机相机之前，就应该用眼睛对眼前的画面进行"构图"——应该怎么拍？斜拍、侧拍、俯拍哪个方式更好？放在取景框哪个位置？

这是一种随时都能进行的构图练习，可以把它叫作"脑内构图"。脑内构图每时每刻都可以进行：在地铁上看到有人坐在座位上看书，你可以考虑是专注于从正面拍下他的表情，还是连旁边玩手机的人一起拍进来做个对比；对于在公园里吹泡泡的孩子，你会把焦点放在孩子欢笑的脸上，还是放在随风飘扬如梦想般上升的泡泡上？

第二，多模仿别人的优秀作品。虽然模仿别人的作品拍摄时，哪怕拍得一模一样也不值得炫耀，更不能证明你的水平和对方一样。但这却是我们成长过程不可缺少的一步。如同学写字时要照着字帖一笔一画临摹一样，要想"写好字"请先会"写字"，要想"拍好"请先"会拍"。

第三，不要把后期看得太重要，但也不要拒绝使用后期。我们在看别人评判某张摄影作品时，常能听到一句话"后期太重了"。后期太重是很多新手难以避免的问题，但 photoshop 或者 snapseed 虽然不能替代我们去按快门，适当的后期却能给我们的作品加分。

第四，看了那么多有关摄影技巧的文章，为什么还是拍不好？那是因为你缺乏实践。这跟"知道很多大道理却依旧过不好这一生"一个意思。想减肥的，早起跑步跑起来，想拍照的，拿起手机拍起来。

现在手机摄影并没有什么大成本。请不要吝啬快门，同样的景点、同样的人，不同的参数、不同的角度……你能拍出数不清的照片。多拍几张总有意想不到的收获。拍不好的删掉即可，甚至在删掉之前，它们也能在你下次拍照之前提供警示，让你避免错误。

第五，古人说："文章本天成，妙手偶得之。"摄影作品亦如此。很多的优秀作品都来自摄影师不经意间的妙手偶得。但这一不经意，其实是由无数次刻意练习铺垫而来的。

新手抓拍总是不得要领，不是构图不好，就是焦点没对准。虽说抓拍最重要的就是快和准，但这个快和准都是可以练习的。我们抓拍时都没空闲时间去考虑构图、对焦、曝光等，但是经过无数次的练习，把这些步骤都融入脑子里，抓拍就没那么难了。

第五章 后 期 制 作

■ 纪实类后期制作

■ 剧情类后期制作

第一节　纪实类后期制作

一、后期制作流程及要点

1. 审看素材

尽管我们在拍摄时已经零碎地看过每天的声像素材，但拍摄完成后还是有必要完整地重看一遍，以便对素材有一个整体把握。审看过程中有三件事值得去做：

①如果对某一特别的人物、情节、细节有所感触，应该及时地把想法记录下来。记下这种本能的感受将在你因为太熟悉素材而灵感迟钝时派上用场，否则，它们很可能像火花一样消失掉。

②做场记，以便在想要素材时能很快地找到它们。这对拥有很多个小时素材的作品尤其重要。具体做法是，给各个场景及各个重要事件、动作、人物谈话列出准确的录像带序号和时间码。

③扒同期声，也就是将同期声变成文本的形式。这项工作尽管让人感到很沉闷，却可以大大减少以后的工作量。特别是制作一部有关事件调查的纪实性微视频时，每个人所说的确切词语都极为重要。当然，还有一个可以少花点力气的选择，那就是对人物同期声以主题词的形式进行登记，然后记下入点和出点的时间码。

2. 纸上剪辑

一部纪实性微视频的架构必须经过纸上剪辑才能最终成型。虽然前期创作中就已经对影片内容进行了一定的结构设计，但这样设计出来的结构是不稳定的，需要进一步地调整，因为在拍摄过程中各种偶发因素会随时随地产生，你拍摄的可能并不是你所设想的，有的甚至还是背道而驰的。所以纸上剪辑非常有必要，这项工作将在影片内容和实际拍到的素材之间建立起真正的联系。具体做法是将所有事件、场景动作、人物谈话以主题词的形式简要地写在一张张小纸片上，然后通过摆弄这些小纸片来尝试各种顺序和关系，直到满意为止。

如果有关段落、层次之间不能顺利衔接，或者信息、意义很难用画面来表达，这时还要考虑撰写解说词。

3. 初剪

初剪的任务就是在编辑机上将纸上剪辑变为现实,但它形成的只是一个毛片,就像毛坯房一样,毛片还只是半成品,只是用来检验纸上剪辑的大体效果。因此,每个镜头、每段素材的出点与入点可以适当保留长一些,不要掐得很紧,也不要担心有重复。镜头间的衔接是否流畅等细节问题不是这一环节所要考虑的。相反,过多地纠结于细节反而会妨碍对影片的整体特性和效果作出正确的评估。

对于初剪出来的毛片,第一次观映时应思考以下问题:

(1)影片的戏剧性是否得到平衡的发展?

(2)影片的哪部分效果明显,哪部分显得拖沓?为什么?

(3)各类素材能不能通过替换呈现更好的效果?

(4)观众将得到的解释性信息是太多还是太少?有时某个段落效果不明显,是因为影片中没有准备合适的背景资料还是与前面的段落之间在情绪上对比不充分?

(5)段落之间观点是否雷同?重复并不能推进影片的发展,除非在信息上看有所扩展、增加,因此要去掉那些多余的部分。

4. 精剪与合成

毛坯房搭建起来后,暂时还不能住人,还必须对房屋进行精装修。精剪与合成,就是对初剪出来的毛片作"精装修",制作成最终的适合于播出和观看的成品。这一阶段将主要考虑影片的各种细节问题,如镜头的衔接、场景的过渡、段落的转接、声画关系的处理、配音配乐、字幕动画设计制作等。这些看起来似乎微不足道、无关大局,但处理不当却很容易成为碍眼的沙尘、刺耳的噪声,直接影响到影片的品质和视听效果。

二、解说词与脚本

纪实性微视频是声画结合的艺术,它不仅为视觉提供直观形象,也为听觉提供借助想象、联想、情感等手段而形成的内心视像,尽管现代科学已经证明了人从外部世界所获得的信息大部分是通过视觉得来的,但通过听觉从外部世界获得信息也是不可或缺的。解说词就属于听觉的一种信息传递手段。

1. 解说词的功能

纪实性微视频解说词的功能和作用是与画面的局限性密切相关的。画面是以影像的方式来实现对世界的记录，具有客观、真实、形象的特征。影像具有模糊性、多义性的特点。比如说，画面上出现一个人物形象，尽管他的五官纤毫毕现，但这个人是谁？他从哪里来？他为什么会出现在这里？他有过什么样的不平凡经历？这些如果不作特别的说明，观众仅凭画面根本无从知晓。此外，影像难以完整地再现过去的事情，难以表现抽象的理念，也无法直接揭示人物复杂的内心情感世界，更无法预测和展望未来。这些缺憾的存在，为解说词提供了巨大的生存空间。解说词正是以画面为基础，在与画面的相互配合、相互依存、相互加强的关系中形成自身的特点，发挥着独特的功能。

（1）叙事功能

纪实性微视频是叙事的艺术。在叙事的过程中，为了使观众迅速了解事件的起因和发展状况，就要对事件所发生的地点、时间以及所涉及的人物等基本要素（也就是人们常说的 5 个"W"和 1 个"H"）进行交代。

（2）补充和强化功能

虽然通过画面系统的一些特殊手法可以使某些内容得到强化，如运用长镜头强调过程，运用特写镜头突出要表现的东西，但有时候观众可能意识不到画面的这种"良苦用心"，这时，解说词就有必要结合画面内容进行补充、提示甚至强化，从而使观众对一些不为人所注意的细节或过程产生更深刻的印象。

（3）抒情表意和提炼升华功能

纪实性微视频不可能是纯客观的记录，不管有意无意、或多或少，创作者的主观意图都会在片中有所体现，只不过这种体现有时比较隐蔽含蓄，有时比较直白显露。如果创作者想要在片中直接发表意见或见解、表明爱憎态度以及对主题进行深化等，就需要更多地借助解说词的功能。因为这些都是较为抽象复杂的内容，画面虽然可以作一定的表达，但由于画面自身的局限性，处理起来难免"捉襟见肘"。而文字则恰恰相反，它有着高度的抽象性与概括力，在这方面处理起来可谓"得心应手"。

（4）结构功能

现实世界的无穷尽性使得任何想要全面而完整地记录现实生活的想法都成为一种空想。纪实性微视频只能从现实生活中选取最有代表意义的片段进行组合式凸显，因此，纪实性微视频画面往往是跳跃、断裂、无序和散乱的，光看画面往往让人不知所云。这时就需要有一根红线来对散乱的画面起到穿针引线、承上启下的作用，组成简洁明了的叙述结构，这根红线往往就由解说词来担当。

2. 解说词的特征与风格

（1）解说词的特征

纪实性微视频是一门综合的艺术，它由声音和画面两大系统组成。声音系统包括解说、同期声、音乐、音响等不同要素；画面系统包括构图、光效、色彩、影调等不同方面。所有这些因素并非互不相干、独立地发挥作用，而是相互作用、相互配合，共同构成一个有机的艺术整体。解说词就是在与其他因素相互配合的过程中，显示了它与一般文学相异的特征。

①配合性

纪实性微视频的解说不应该是对画面内容作语言上的简单重复，如果简单地重复画面，那就成了"看图说话"。这样的解说非但不能提供更多信息，反而会对画面的观看造成干扰。纪实性微视频的解说又不应该与画面内容完全脱节，如果完全脱离画面，就会导致"声画两张皮"，影响纪实性微视频的可视性。因此，解说词与画面的正确关系应该是相互配合，解说词依据画面而存在，却又不是画面的附庸。当然，由于纪实性微视频表现符号具有多样性的特点，解说词的这种配合性还体现为与同期声、音乐、音响等声音要素的配合。

②不完整性

与解说词配合性这一特征紧密相连的就是它的不完整性。文章若想独立成篇，就必须要有完整的结构和逻辑关系。但对于纪实性微视频来说，解说词要与其他要素相配合，不太可能独立成章。比如，画面已经能够充分表现的内容，这时就没有必要再让解说词去喋喋不休地重复；只有当画面对某些内容无法表现时，解说词才有必要"挺身而出"，接过传递信息的"重任"。因此，在纪实性微视频中，解说词往往是断断续续的，如果离开画面，可能会让人莫名其妙、不知所云。但正是这种不成篇章的解说，与其他要素相互配合，才构成了纪实性微视频完整的艺术整体。

（2）解说词的风格

以上只是对解说词的特征进行笼统的归纳。解说词的具体形态受到纪实性微视频风格样式的影响，它们之间有时会有较大的差异。

● 写实风格——报道型，重视客观记录，重视同期声和现场声，为淡化主观色彩而最大限度地压缩解说词。

● 写意风格——文学型，这种风格的纪实性微视频不满足于传统报道模式，追求文学色彩，叙事抒情并重，甚至偏重抒情，因而注重营造解说词的优美隽秀。

● 写意风格——政论型。政论片品格鲜明，关注社会政治性的题材内容，强调以主题思想为中心，叙事说理融为一体，画面素材广征博引，不受时空限制，因此，政论片的解说词往往使用评论语言，旗帜鲜明，主题集中而突出，导向明确。

● 无解说型，不用解说词是一种极端的艺术风格和艺术策略，是强化艺术形式的有效手段。其目的在于最大限度地消除主观色彩，最大限度地追求写实效果。

3. 解说词写作

如前所述，纪实性微视频解说词具有配合性的特征，因此，在写解说词时应该充分考虑这一特征，不能像写一般文章那样只专注于文字而不顾及其他。具体而言，解说词写作应该要为"看"而写、为"听"而写。

（1）为"看"而写

所谓为"看"而写，就是要注意解说与其他表现手段，尤其是与画面之间的配合关系。因为画面是纪实性微视频中最基本和最主要的表现要素。

①解说词与画面不要"竞争"，对于需要表现的内容信息，能够用画面表现的，尽量用画面表现，只有在画面无法表达时，才用解说词。解说不要过多地描绘自然景色和描写人物形象，忌用过多的形容词，因为在形象性、生动性上文字怎么也比不过画面。

②画面往往是形象具体的，解说词为了与画面相配合，一般应从具体的事物逐步写到抽象的概念，从看得见的事实逐步写到看不见的道理、思想和观念。这样可以避免"看图说话"和"声画两张皮"两种极端倾向，从而达到解说与画面的良性互动。

③用解说词介绍背景资料或讲述过去与未来时，应寻找一个与画面相宜的结合点。画面最擅长表现"现在进行时"，对过去和未来的阐述往往须借助解说词。但这类解说也应立足于"现在"，最好从现在的细节说到"过去"或"未来"，为了与画面配合，有时还要从"过去"或"未来"拉回到"现在"。

④用解说词表达理念时，应选择合适的事实，并落实到具体的细节上。表达理念是一部纪实性微视频不可或缺的重要内容。理念常常是富有哲理的抽象概念，用画面表现难度较大。用解说词表达时，不能停在空泛的说教上，应把理念的阐述与

具体、合适的细节有机结合起来。

⑤解说词要为观众观看留下思考的时间和空间。解说词有别于一般的文章，普通文章是为了给读者阅读，所有信息都要借助于文字表达，而解说词是为了促使观众观看画面，帮助观众读懂画面、思考画面而写的。一段恰到好处的解说词，不仅能补充画面的不足，延伸画面的意义，而且能有效地吸引观众观看屏幕，使解说与画面相得益彰。

⑥解说词的长短和有无，应服从整体，要根据画面内容、风格形式、镜头顺序、段落长短做出相应调整，不必守成规、循定律，刻意追求文辞的完整和优美。

（2）为"听"而写

纪实性微视频解说词和文学作品很重要的一个区别，就是解说词是通过播音读给观众"听"的，而不是写给观众"看"的，创作者在写稿时除了考虑画面因素，还要考虑听觉因素，符合听觉原理、听觉习惯。

①解说词用语要口语化、生活化、通俗化

纪实性微视频是线性传播，是转眼即逝、不可重复的，给人反复品味、欣赏的时间不多，因此，它必须让观众一听就懂。为听而写，首先面临的问题就是要用口语化、生活化、通俗化的语言来写作，在观众的生活范围之内选择词语，尽量用短句，不要过多地使用倒装句和复杂句式。

②解说词要有一定的节奏感

解说词不仅要让观众听得懂，还要让观众愿意听，这就需要解说词具备一定的听觉上的美感。任何语言都有一种内在的节奏韵律和色彩，它们又与词义内容紧密相连，如汉语中的四声、平仄、韵律等，如果合理运用，就会形成抑扬顿挫、起伏有致的语言节奏。一些修辞手法，如对比、对偶、排比、重叠、反复等，若运用得当也会产生不同的气势与韵味。

4. 脚本写作

纪实性微视频脚本是纪实性微视频创意的文字表达。它是体现主题、塑造形象、传播信息内容的语言文字说明，是创意（构思）的具体体现，也是摄制纪实性微视频的基础和蓝图。纪实性微视频脚本同时也是纪实性微视频编辑的台本，编导往往是在观看大致的拍摄素材之后撰写脚本，以利于编辑进行声音和画面的剪辑与合成。纪实性微视频脚本写作不仅仅是解说词写作，还包括画面和音响的设计。

三、蒙太奇

1. 蒙太奇的含义

"蒙太奇"一词是法语音译，它本来是建筑学上的一个术语，意为"装配、组合、构成"，后来被借用到影视领域，最初是指镜头与镜头之间组接（即镜头剪辑）的技巧、方式，发展到后来其含义已大大超出了这一范畴并形成了一整套影视理论系统。

归纳起来，蒙太奇的内涵可以分为三个层面：

（1）技巧层面

蒙太奇就是在后期制作中把分切的镜头组接起来的方法和手段，这也是其最初和最基本的含义。任何影视作品，其结构从大到小的排列顺序一般为故事—段落—场景—镜头组—镜头。这就是说，镜头是影视作品的最小构成单位。在前期拍摄时，必须一个镜头一个镜头地拍；在后期剪辑时，同样也必须是一个镜头一个镜头地编。技巧层面的蒙太奇就是考虑如何使两个镜头之间的组接看起来更为顺畅，不让观众产生停滞感或跳跃感。

（2）叙事层面

蒙太奇是依次地、有规律地、有节奏地讲述一个完整故事或塑造一个完整艺术形象的构成方法。比如，在叙事手法上是采用对比的叙事还是隐喻象征的叙事？在结构安排上是顺叙、倒叙，还是插叙、跳叙？在叙述角度上是第二人称参与式还是第三人称全知式？叙事层面的蒙太奇可以说就是影片内容的表现手法和结构方式的总称。

（3）思维层面

蒙太奇是影视艺术独有的形象思维方法，也可称为蒙太奇思维。这是一种具体的、直观的形象思维——用镜头和画面进行思维和表达，俗称"（在脑海里）过画面"，像"民主""自由""和平"等抽象的理念或概念，用语言文字可以很容易地表达出来，但如果用画面恐怕就不易了。在影视作品中，天马行空式的想象是需要的，但这种想象最终必须要落实到画面上而不是抽象的语言文字符号上，这就依赖于创作者的蒙太奇思维能力。

2. 蒙太奇的功能

（1）选择与取舍、概括与集中

蒙太奇的一个基本功能就是通过对镜头、场面、段落的分切与组接实现对素材的选择和取舍，保留最主要的、本质的部分，省略或删除烦琐、多余的部分。这样既可以突出重点，强调有特征的细节，又可以使内容表现得主次分明、层次适当、繁简得体，从而达到高度的概括与集中。

（2）创造独特的画面、时间与空间

运用蒙太奇的方法对现实生活的时间和空间进行剪裁、组织、加工、改造，使之成为具有影视艺术特征的画面时间与空间，从而使画面时空的表现与转换极为广阔、灵活、自由。

（3）创造节奏

节奏本来是音乐里的一个术语，指的是由节拍的强弱或长短交替出现，形成一定的规律。借用到影视画面中，则是指主体运动、镜头运动、镜头长短以及镜头组接所完成的影片的轻重缓急。蒙太奇是形成影视节奏的重要手段，它将画面内部节奏和外部节奏、视觉节奏和听觉节奏进行有机的组合，以体现事物发展变化的脉络，使影片的内容与形式达到和谐统一，产生强烈的力度。

（4）创造思想

运用蒙太奇镜头的分切与组接，可以激发观众的想象与联想，形成象征、比喻、对比、暗示等效果，从而产生原来单个镜头、单独画面本身所不具有的新思想和意义。

四、两种风格的剪辑

同样的素材经过不同方式的剪辑处理，可以呈现出完全不同的风格。这些风格可以大致归纳为两大类：再现的风格与表现的风格。从剪辑的角度上说，则可以分别称之为"叙事的剪辑"与"表现的剪辑"。

1. 叙事的剪辑

叙事的剪辑以叙事为目的，侧重于表现动作的连贯性或情节、事件发展的过程性，是影视艺术中最基本、最常用同时也是最单纯的叙述方法。其优点是视觉流畅、逻辑连贯、清晰易懂。

2. 表现的剪辑

表现的剪辑，不单是为了不再像叙事剪辑那样，注重事件发展的过程性、时间的连续性和动作的连贯性，更重要的目的在于通过将逻辑上具有一定内在联系的镜头对列组接，以暗示或者创造一种单个镜头所不具备的新的寓意。

　　这种创造单个镜头所不具备的新的寓意可以归纳为五个方面：

　　一是创造隐喻。通过镜头的对列，使镜头内容产生一种联系，形成类似于文学中的比喻；

　　二是创造节奏。利用镜头外部的运动关系，使镜头按一定的长度（速度频率的冲击）和幅度（景别的心理冲击）连接在一起，促使观众产生一种情绪；

　　三是创造悬念。通过镜头组接，加强情节张力，造成紧张的戏剧效果，使观众产生一种期待心理；

　　四是创造情绪效果。通过镜头的积累，使观众情绪不断高涨；

　　五是创造思想。利用镜头间的逻辑关系，通过对比或对列，形成观念性的思想意义。

　　表现的剪辑又可分为以下三种类型：

　　（1）平行的剪辑（平行蒙太奇）

　　平行的剪辑是指在一个蒙太奇段落里出现两条以上的线索，这几条线索平行发展，相辅相成。它强调几条线索之间的逻辑关系。当两条具有明显因果关系的线索交替组接在一起时，人们通常又称之为平行交叉式剪辑。平行的剪辑具有以下作用：

　　①展示同一事件的广泛影响和广阔的空间。在现实生活中，当一件事情发生后，有时会在不同的方向上引起反应。把同一时间、不同空间的镜头组接在一起有利于表现这些反应的相互联系。

　　②表现事物之间的相互联系。把相互之间具有一定逻辑关系的两个形象平行组接在一起，可以形象地揭示出两个事物之间的内在关系，以此来表现事物的深层含义。

　　③通过两个形象的交替造成一种画面结构的变化，并通过这种结构的变化使原本并不具有直接关系的两组镜头相互影响、相互加强，产生一种含蓄的意境。

　　④把有冲突性因果关系的两条线索平行交叉剪辑，可以造成一种紧张的戏剧气氛。故事片中经常用这种方法来表现追捕、谋杀、救援之类的情节。纪录片中有时也用这种方法。

　　（2）对比的剪辑

　　对比的剪辑是把两种截然相反的内容并列在一起，利用它们之间的冲突造成强烈的对比，从而产生某种寓意效果。它具有以下作用：

①阐述思想。世间的事物充满了矛盾和差异：贫与富、大与小、新与旧、强与弱等。将这些对立的因素集中起来，通过镜头的组接加以强调，常常是创作者表达思想的有力手段。

②突出形象、对比的剪辑有时可以通过两种形象的对列，使某一形象更加鲜明、突出。

③强调差异。通过两种对立因素的对比，使两者的差异更加明显，从而造成视觉的震撼。

3. 联想的剪辑

联想的剪辑是将不同内容的镜头组接在一起，通过镜头的对列产生出一种新的含义，从而造成一种心理联想，达到寓意或象征的目的。

比喻——视觉隐喻曾经是电影的主要表现手法之一，近年来，明显而直露的隐喻已不大受人欢迎了，但是自然贴切的比喻仍然是一种有效的艺术方法。蒙太奇的比喻是通过两种视觉形象的对列形成的，它用一个形象的意义来说明另一形象的意义。

象征——象征的剪辑与隐喻不同，它不是利用两个形象的比较产生意义，而是赋予某一种视觉形象以引申意义。这时，这一形象的本来意义被隐去，新的意义显露出来并被人们所理解。

借代——借代是象征的另一种方法，是指用某种现实生活中的物象来指代另一种东西，调动观众的想象力去参与作品的思考。

联想的剪辑，要注意寻找到合理的想象依据，不可牵强附会、晦涩生硬。另外，也要注意不要落入俗套。

一般来说，表现的剪辑多用于写意型作品，叙事的剪辑多用于写实型作品，当然，这也不是绝对的。有时候叙事作品并不排斥表现的手法，写意作品也离不开叙事的技巧。

五、画面的剪辑

1. 画面剪辑的依据

画面的剪辑最基本的功能是通过一系列不同景别、不同角度的镜头来叙述动作、事件的外部形态，注重于动作、形态以及造型的连贯性和流畅性。

剪辑是一种取舍组合法。它不可能也没有必要把动作、事件的全过程搬到屏幕上，它是表现一种视觉能够接受的、屏幕特有的时空连贯，是对事物所发生的时间和空间的重新组合。这种组合必须符合以下要求：

（1）以生活的逻辑为依据

生活的逻辑通常包括三个方面，即时间的连续性、空间的统一性和事物间的关联性。

①时间的连续性

影视当中的时间是自由的、可逆的。不同时间段按一定顺序连接成一个完整的动作流程时，颠倒其中的某一段有时不会破坏整个动作运动的正常叙述。

②空间的统一性

屏幕的空间表现一般来说有两种：一种是直接地再现空间，即通过摄像机的推拉摇移，把动作本身以及它所处的空间环境在一个镜头里直接地、完整地再现出来；另一种是合成的空间，即通过动作的组合或不同动作因素的连接，创造出一个完整的空间构成。确切地说，它是通过一系列镜头创造出一个完整动作的"印象"。

叙述剪辑的空间改变是以实际动作的空间范围为依据的，它应该始终保持局部与整体、这一部分动作过程与那一部分动作过程的空间统一，使动作与环境形成有机整体，这样就不至于因为组接手段而影响到实际空间的可行性。这就要求剪辑者要时刻建立统一空间的概念。

空间是指有一个特定的空间范围，它是为了表现一个空间内发生的活动和事情，这种空间的统一感主要是由环境和参照物提供的。如房间里的家具，车间里的机器、背景等。通过这些参照物可以使观众断定这个场面的空间环境。

③事物间的关联性

事物的存在往往不是孤立的，而是与其他事物之间存在某种逻辑上的联系。

（2）以对场景内容的叙述强度为依据

当我们表现一个场景内容时，可以有两种不同强度的叙述方式：静观事件和深观事件。

①静观事件（简单叙述）：当只想简单地叙述某事件时，可以采取一种旁观者的视点——不加介入地静观事件，使用摄像机和麦克风来简单地表述发生的事件。

②深观事件（强化事件）：它意味着尽量仔细地调查事件并深入其表象背后，探求事件的结构和核心本质，告诉观众被一般观察者所忽略了的事件侧面，引导观众对事件本质进行思考。也就是说，深观事件不仅仅是呈现发生了什么，而且要说

明为什么,它的主要作用是强化动作或事件。

(3)以视觉的流畅为依据

①画面景别要匹配。同内容、同时空画面的组接,需要画面景别多样。因为如果没有景别间的差异,画面便难以流畅。同景别相接,不管是全景接全景,还是中景接中景,都会给人重复感和停滞感,这是应该尽量避免的。

②画面角度要有变化。除景别要匹配外,还要尽量有角度的变化,以增加视觉信息和保证视觉流畅。

③色彩、影调应和谐。画面选择中,还应考虑画面之间色彩、影调的和谐性。如果不和谐,也会形成视觉障碍。

2.画面剪接点的选择

恰当地选择画面剪接点,能使一部作品动作连续、形象逼真、镜头转换自然流畅,使作品的内容和情节既合乎生活逻辑,又富有艺术节奏。

(1)动作剪接点

动作剪接点以画面中人物的形体动作为基础,以剧情内容和人物在特定的情境中的行为为依据,结合实际生活中人体活动的规律来处理,使主体动作的衔接、转换自然流畅,并能节约时间,去掉多余的动作过程,使画面叙事更加简洁精练。

①在动作行进的过程中作切换,即将一个完整的形体动作分解开来,用两个不同角度、不同景别的镜头对它们进行表现。其原理是,利用动作的连贯性所产生的视觉惯性,能有效地消除从一个画面突然转换到另一个画面时的跳跃感。

②利用插入镜头,将前后两部分动作连接起来。

③在前一个动作的某一停顿处切断,再从下一动作即将启动处开始,省略掉中间的一段动作。

(2)情绪剪接点

情绪剪接点以人物的心理情绪为基础,以人物在不同情境中的喜怒哀乐等外在表情为依据,结合镜头造型的特征选择剪接点,从而造成一种情绪上的感染。

与动作剪接点相比,情绪剪接点在画面长度的取舍上回旋余地很大,它不受画面中人物的外部动作的局限,而以描写人物内心活动、渲染情绪、制造气氛为主。相对地,动作剪接点比较好掌握,因为这些动作转换点是看得见的,只要注意观察,就不难找到合适的剪接点。而情绪剪接点的确定,全靠剪辑人员对剧情内容、含义的理解和领悟,因为对人物内心活动的心理感受,既看不见也摸不着。从这个意义上讲，情绪剪接点的选择是无规律可循的。剪辑人员对内容和特定情境中的心态理解程度不同，剪辑出来的画面效果也就不一样。这就完全靠剪辑人员的艺术修养来体会，因此也最见剪辑人员的艺术功底。

（3）节奏剪接点

节奏剪接点使用的镜头一般是没有人物语言的镜头，它以事件内容发展进程的节奏线为基础，根据内容表达的情绪、气氛以及画面造型特征来灵活地处理镜头的长度与衔接点。换言之，节奏剪接点的作用，就是运用镜头的不同长度来创造一种或舒缓自如或紧张激烈的节奏。

在选择画面节奏剪接点时，还要考虑将镜头的画面造型特征、镜头长度与解说词、音乐、音响的风格节奏有机结合起来，以达到声画的有机统一。

（4）声音剪接点

以声音因素为基础，根据内容的要求、声音与画面的有机联系来处理镜头的衔接。它一般要求保持声音的完整性和连贯性。

六、声音的剪辑

纪实类微视频中的声音与画面共同构筑了屏幕空间和屏幕形象，在叙事、传情、表意等方面起着不可或缺的作用。没有声音的纪实性微视频，不仅可能让人觉得莫名其妙，甚至也会失去真实的质感。

纪实类微视频声音的剪辑是指对纪实性微视频中各种声音元素进行合理的构思、选配、组接和综合处理。具体来说，这些声音元素包括解说词（声）、人物同期声、音响（现场音响、模拟音响）、音乐等。

1. 解说词的剪辑

解说词与画面在表现力上的差异使得它们在纪实性微视频中有着自然的分工。形象塑造、细节描写等是画面的特长，解说词的特长则在于叙事、抒情和说理。因此，它不必重复画面已经展示的东西，而应该说明画面没有或不可能说明的内容。在这种情况下，解说词要有较多的停顿和间歇。

一般来说，每段画面都要有相应的解说词。否则，这段词就会拖到其他段落的画面上，画面与解说词的配合就失衡了。

另外，每段解说词最好不要与相应段落的第一个镜头同时上或与最后一个镜头同时下，即词应比画面迟出，比画面早消，切忌与画面同时上下。

2. 人物同期声的剪辑

人物同期声是指画面上所出现的人物的同步话语，它是一种直接的真实语言声音。人物同期声在当今纪录片领域越来越受重视，形式也更为多样。

人物同期声的剪辑，首要任务是为谈话定位，即运用谈话素材营造作品的形式，包括是否保留创作者现场主持、叙述的形式等。

人物同期声的剪辑，基本要求是语意完整、层次清楚、谈话的叙事说理效果与作品总体结构顺畅和谐。生动、有真情实感或重要的谈话，不全是有条理地完整出现，某些谈话内容可能颠三倒四、前后重复、多次补充，因此，畅谈半小时只用一两分钟的情况很正常。这就要求剪辑时要用更多的时间与精力去重组"声音"内容，使之清晰、自然、合理但又不"断章取义"。

人物同期声的具体剪辑方式有：

（1）直切式剪辑。声音和画面同时切入，这种切入比较生硬、突兀，且缺乏戏剧性变化。

（2）间切式剪辑。声音音量从低逐步过渡到正常，在前面有解说声或表现群体场面时效果较好。

（3）在谈话中插入相关画面。这样可使谈及的内容形象化，配合谈话扩展信息量，能有效地消除因为声音剪辑而带来的画面跳跃，是处理谈话重复、冗长、语病的有效方法。

（4）重叠式剪辑。使声音提前于画面或是画面提前于声音，从而避免直切式剪辑带来的生硬、突兀的效果，并为对话增加了一些戏剧性变化。

3. 现场音响的剪辑

现场音响常被称为"现场声"，包括环境声、自然声等，音响的作用在于能阐释画面、传达情绪、渲染气氛，一般来说，现场音响在纪录片中应给予保留、使用，让所有内容都有声有色、自然逼真。但是，对现场音响的处理又不能是简单地保留，保留只是创造的基础。同时，现场声有远近高低之别，不同的处理方法能产生不同的效果。

总而言之，现场声是处理艺术虚与实、藏与露关系的重要手段之一。用之得当的实声，呈现为逼真自然；用之不当的实声，可能表现为肤浅和表面化。

4. 音乐的选配

音乐是人类表达感情、交流情感的最佳听觉艺术形式。音乐具有抽象性，虽然缺乏语言和自然声的明确性、特定性，却有独特的艺术魅力。

抽象的音乐与写实的影像、现场声、同期声和虚实兼备的解说词相配合，使纪录片产生了艺术性与逼真性兼备的品格。

在纪实性微视频里，不管以何种形式出现，音乐都是作品整体的一部分，是被"吞并"的艺术，不能自成体系，也不能过强过满。以少胜多、服从整体，是创作和运用音乐的基本原则。因此，在音乐创作、选配过程中应注意以下三点：

（1）克服音乐选配的随意性，尽力追求音乐与全片主题、风格的和谐；

（2）选配音乐要有一个统一全片的基本风格，不能把全片音乐的各个乐段搞成各自为政、互不关联的乐段"大杂烩"；

（3）音乐与解说、音响之间关系的处理要主次分明、互相配合。否则，音乐在音量上的喧宾夺主，会使观众听不清解说词或同期声。

纪实类微视频音乐只有置入适当位置，融入作品整体的内容和形式，使人不知不觉地受到它的感染，甚至于感觉不到它存在时，才是最好的音乐。

第二节　剧情类后期制作

后期制作工作大致可分为三个阶段：准备阶段、剪辑阶段、合成阶段。在开始剪辑前，我们要反复观看采集到的素材，以发现素材中的质量问题，筛选和补充材料并对素材进行分类和整理。准备阶段完成后，正式剪辑开始，在这个阶段中需要综合考虑镜头长度，相邻镜头中角色的形态、动作、情绪是否连贯，镜头运动方式与速度是否匹配等问题。剪辑阶段完成后需要进行最后的合成，主要包括添加字幕、转场、特效等工作。

一、剧情类微视频剪辑

剪辑是剧情类微视频制作过程中不可缺少的重要环节。剪辑，是影视制作中极其重要的一环，它相当于产品生产的总成工序。前期的创意、构思、拍摄的素材，通过剪辑才能组成一个完整的影视作品。剪辑是剧情类微视频制作的第三次创作过程，是用画面和声音完成叙事，表达创作者内心情感的过程。剧情类微视频剪辑工作的目的就是要使作品的结构严谨、节奏鲜明、叙述流畅，更好地展示作品的主题思想。剧情类微视频的剪辑与常规影片不同，受时长限制的影响，剧情类微视频是一种高度计划性的艺术形式，在后期剪辑时随机性很少，因此，在剪辑时应严格按照前期分镜头台本的规划进行操作。

1. 剪辑的含义

剪辑（film-editing），即将影片制作中所拍摄的大量素材，经过选择、取舍、分解与组接，最终完成一个连贯流畅、含义明确、主题鲜明并有艺术感染力的作品。与剪接相比，剪辑不再是简单的"剪"和"接"，而是对镜头进行编辑，即它不仅包含了剪接这种技术因素，而且更强调创作者的创作意识。剪辑的含义是什么？美国纪录片大师弗雷德里克·怀斯特提出："我认为剪辑实际上是自己跟自己说话，是编导自己的内心独白。"

剪辑有狭义和广义之分。狭义的剪辑是根据导演的意图对镜头进行选择，然后寻找符合视听语言规范的排列顺序和剪辑点进行组合的过程。广义的剪辑是指贯穿创作全过程的一种思维或意识。一般我们称之为剪辑意识，从某种意义上剪辑意识就是影视意识。

2. 剪辑的逻辑

（1）镜头组接

镜头与镜头之间的组接，即前后两个镜头之间的关系，这是剪辑的微观逻辑。镜头的组接是剧情类微视频剪辑的最基本技巧，它的基本要求是流畅。卡雷卡·顿斯和盖文·米勒在《剪辑技巧》中谈道："做出一次流畅的剪辑，意味着两个镜头的转换不会产生明显的跳动，观众在看一段连续动作的时候不至于被打断。"这里说的"跳"是指视觉上的不连贯，是违反视觉语言规范的，比如静止镜头接摇动镜头、大全景接大特写等都会产生"跳"的感觉。如何防止视觉上的"跳"？镜头组接要遵守如下原则和规范：

①镜头的组接要合乎逻辑

即合乎事物运动发展的逻辑，合乎生活逻辑和思维逻辑，合乎人们认识事物的规律。逻辑是指事物发展过程中在时间、空间上连续的纵向关系和事物之间各种内在的横向逻辑关系，诸如因果关系、对应关系、冲突关系、并列关系等。

②遵循镜头调度的轴线规律

在进行组接时，遵循镜头调度的轴线规律拍摄的镜头，能使镜头中的主体物的位置，运动方向保持一致，合乎人们观察事物的规律，否则就会出现方向性混乱。例如，在拍摄百米短跑时，所有的拍摄点都应在"轴线"，即行进方向的一侧180度范围内，这样拍摄出来的所有镜头中运动员都是往同一方向跑的。如果把不在同一侧拍摄的镜头连接起来，就会看到人一会是从左到右，一会又从右向左，破坏了空间的统一性，这就是"跳轴"。一般在镜头拍摄、剪辑中，不允许"跳轴"。

③景别的过渡要自然合理

组接中对景别的过渡并没有一个成文的法则，一般主要根据内容需要做到叙述清晰、表意准确、视觉流畅。较为常用的有：

进步式句型：这种叙说句型是指景物由前景、全景向近景、特写过渡，用来表现由消沉到昂扬向上的心情和剧情的开展。

撤退式句型：这种叙说句型是由近到远，表现有从昂扬到消沉、压制的心情，在影片中显示由细节扩展至全部。

环行句型：是把进步式和撤退式的句子联系在一起运用。由全景—中景—近景—特写，再由特写—近景—中景—前景，或者也可反过来运用，可以显示心情由消沉到昂扬，再由昂扬转向消沉。

另外，景别不同所含的内容多少也不同，要看清一个画面所需的时间自然也就不一样。对固定镜头来说，看清一个全景镜头至少约需6s，中景至少要3s，近景约1s，特写1.5s—1.8s。当然一个镜头的实际长短要根据内容、节奏、光照条件、动作快慢、景物复杂程度灵活掌握。

④动接动，静接静

"动"有两种含义：一种是指画面内主体的运动，二是指镜头的运动，即运动镜头。所谓"静"也有两种含义：一种指画面内主体是静止的，二是指镜头是固定的，即固定镜头。"动接动"指两个主体运动的镜头的组接，也指两个运动镜头的组接。"静接静"指两个主体固定的镜头的组接，也指两个固定镜头的组接。

动接动：主体不同、运动形式不同的镜头相连，应除去镜头相接处的起幅和落幅。主体不同，运动形式相同的镜头相连，应视情形决定镜头相接处的起幅、落幅。主体不同，运动形式相同、运动方向一致的镜头相连，应除去镜头相接处的起幅和落幅。比如，在介绍优美的校园环境时，一次次地拉出形成一步步展示的效果，使观众从局部看到全部，从细节看到整体；主体不同，运动形式相同但运动方向不同的镜头相连，一般应保留相接处的起幅和落幅。

静接静：固定镜头的组接，应设法寻找画面因素外在的相似性。如环境、主体造型、主体动作、结构、色调影调、景别、视角等。画面内静止物体的固定镜头相互连接时，要保证镜头长度一致。长度一致的固定镜头连续组接，会赋予固定画面以动感和跳跃感，能产生明显的节奏效果和韵律感。如果镜头长度不一致，有长有短，那么观众看了以后就会感到十分杂乱，影响镜头的表现。

⑤光线、色调的过渡要自然

相邻镜头的光线与色调不能相差太大，否则也会导致组接突兀，使人感到不连贯、不流畅。利用影调、色彩、光线的造型作用组接画面，运用镜头技术条件使画面衔接生动而富于艺术性的变化。如对于彩色画面来说，要注意色彩问题，无论黑白还是彩色画面组接，都应该保持影调色彩的一致性。如果把明、暗或者色彩对比强烈的两个镜头组接在一起，就会使人感到生硬和不连贯，影响节目内容的通畅表达。

（2）段落剪辑

段落剪辑是一组镜头按照一定的逻辑、内容需要组接在一起的一系列镜头，是表现内容单元相对完整的某一连续过程。电影的段落就像文章的章节或戏剧的场景一样，是组织情节材料的自然单位，也是在展开作品的过程中从一个阶段向另一个阶段过渡的自然步骤。

段落剪辑主要是按照某一种构思设想将一组镜头的各个元素按最佳方法组接起来，以构成相对独立完整又与整个影片风格基调相统一的视听单元。马赛尔·马尔丹在《电影语言》中将蒙太奇分为叙事蒙太奇和表现蒙太奇两种，我们可以理解为两种不同属性的段落剪辑。叙事蒙太奇以交代情节、展示事件为主旨，一般按照情节发展的时间、逻辑顺序来分切组合镜头，重在叙事功能。表现蒙太奇是以加强艺术表现力和感染力为主旨，以镜头的对列为基础，可以创造思想、节奏、隐喻、悬念和情绪等。

（3）总体结构剪辑

剪辑作为剧情类微视频创作现实处理的一种特殊方式，其重要性不仅仅表现为镜头之间的组接和段落构成各元素的选择和处理，更重要的是它已经上升为影视总体结构的高度，也就是说剪辑构思在创意文案阶段就应形成。这种剪辑观念的精髓在于要求作者以整体的眼光对作品进行宏观和总体的审视和把握。

格式塔心理学派认为"整体不能通过部分相加来达到，相反，整体乃是先于部分而存在并且制约着部分的性质和意义"。

法国作家萨特也重视整体的含义，他指出："作者脑子里始终应该想着整体的含义，才能传达所有思想。因此，文字功夫与其在于锤字炼句，不如始终在脑子里设想整个场景、整章情节乃至整本书。如果你心目中有整体意识你就会写出好句子，如果没有你就写不出好句子。"

二、剧情类微视频声音制作

剧情类微视频声音对整部影片的质量起着举足轻重的作用，它能渲染情绪，传达出角色的内心世界，也能烘托气氛和情感。一部好的剧情类微视频作品的视听效果离不开"听"，只有好的画面而没有好的听觉效果的影片是让人感到遗憾的。一般来讲，剧情类微视频的声音制作一般包括对白、音效、音乐三个部分。

1. 对白

声音具有空间的立体性和单向性。声音的空间立体性指人耳对声音空间特殊的感觉。空间的单向性是指人耳对声音远近的感觉。声音在不同空间具有不同的空间色彩，这是由声学特性，主要是由混响决定的。在录制对白时注意声音的立体性和单向性。在声音周期制作过程中，应充分运用这种空间属性来表现声音所处的具体空间，能给人以真实、亲切的感觉。画面中人物处在空旷的场景和狭隘的场景所产生的声音是完全不同的，如果我们的声音效果没有让人感到这种差异，就会削弱画面原有的表现力并让人感到不真实。声音的单向性主要取决于直达声和反射声的比例，以及音量的大小。在剧情类微视频声音处理的过程中要运用传声器位置的变化和对音量、音色进行调整等方法来获得不同距离和声音效果，使画面的透视感和声音的透视感相吻合，并模拟扩展画面的空间以增加声音的层次。

2. 音效

音效是剧情类微视频中除了对白和音乐之外所有声音元素的统称。音效是构成环境空间因素必不可少的元素，作为一种有机的运动，音效将保证剧情类微视频的生命活力，激发观众的审美热情，实现与观众思想感情的顺畅交流。影视中的音效种类繁多，在剧情类微视频后期编辑的过程中，要根据影片的实际情景和气氛进行配置，要对各种音效之间以及各种音效和画面之间的关系进行精心考虑和布局。根据剧情类微视频创作的需要，对影片中的音效进行艺术构思和处理，塑造鲜明生动的声音形象，使微视频成为一个视听整体的艺术。

（1）原创音效录制

在录制音效时，首先要按照真实的原则，赋予画面应有的声音，利用音效充分还原影片中的声音世界。创造环境感、真实感和声音的多层次空间，丰富和扩大画面的空间，使影片接近生活，以达到艺术的真实。原创音效由录音棚录制或户外拟音作为音源，可采集真实声音或进行声音模拟。

（2）音效素材选择

除了原创音效以外，剧情类微视频的音效制作还需要从既有的声音素材中进行选择和重组。要有意识地把握住声音的起始和节奏，分别掌握好各种声音之间的比例和平衡，按照整体的情绪和要求来选择，使各种声音连接混合并和画面结合起来，做到层次分明、自然流畅，产生一定的意境和联想。

（3）声音合成

为使声音生动地塑造艺术形象，真实地反映现实生活，很多音效不能只使用单一元素，需要对多个元素进行合成。比如枪击的音效可能会由子弹出膛的爆炸声和子弹射出的呼啸声组成。合成不仅仅是将两个音轨放在一起，需要对元素位置、均衡等多方面统一调整。运用各种录音手段，如音质调整、混响、延时、变速以及声音的淡入、延续、转场、声音的主观运用等，达到特定的艺术效果。通过各种技术手段弥补原声音的不足，准确地表达出各种声音的特色和内涵，或对其进行有意歪曲，以达到某种特殊效果，最终把内容贴切、音质优美的声音传达给观众。

3. 音乐

音乐是在剧情类微视频创作中体现影片艺术构思的声音元素，是电影综合艺术的有机组成部分。它在突出影片的抒情性、戏剧性和气氛方面起着特殊作用。

音乐构思须与剧情类微视频的题材内容、风格样式、人物性格及导演的艺术总体构思一致，使音乐的听觉形象与画面的视觉形象相融合，剧情类微视频中的人物造型、表情、动作、语言、环境气氛等，大都是接近现实生活的自然形态。音乐常常与对话、自然音响效果相结合。从剧情类微视频的真正需要出发，在表现抒情性、戏剧性气氛的时候才恰当地、有效地使用音乐，这样既符合音乐的艺术规律，又提高了剧情类微视频的美学功能。

剧情类微视频音乐从制作上分为原创音乐和剪接音乐两种：原创音乐指为了专门电影而创作的音乐，剪接音乐是指将现有音乐剪接成电影画面所需要的音乐。在完成音乐写作后还要进行音乐录音。音乐录音可按照这几个方式进行：先期录音、后期录音、混合录音。

在很多情况下,一部制作精良的剧情类微视频作品中的音乐要进行三次录音。在先期录音时,导演和作曲家确定音乐的整体情感和节奏,这将成为制作影片的参考,这种参考在剧情类微视频中确定角色运动的节奏时显得尤为重要。当影片完成后,音乐指挥一边看画面,一边根据画面的节奏指挥乐队进行录音,这样就能保证音乐和影片的节奏精确地吻合。最后,通过混合录音确定音乐的音量。

4.音画关系

音画关系指音乐与画面在影片中的结合关系。音乐是听觉艺术,画面是视觉艺术,两者都是通过一定的时间延续来展示各自的艺术魅力的,它们势必会以不同的形式结合在一起。音乐与画面的配置方式主要有音画同步、音画对位、音画平行。

（1）音画同步

音画同步是音画关系的一种。音画同步是指同一时间段中音乐与画面处于同一运动轨道之上或表现的是同一种情绪和情调。理论上任何完成的电影都是音画同步的,也就是说,某些影像和声音经过整合,使它们同时被看到和听到。音画同步表现为音响与画面紧密地结合,音乐情绪与画面情绪基本一致,音乐节奏与画面节奏完全吻合。

（2）音画对位

音画对位指从特定的艺术目的出发,在同一时间内让声音与画面作不同侧面的表现,两者形成"对位"的关系,以更深刻地表达影片内容。音画对位中画面演绎的内容与画面中的人物情绪、状态之间具有某种反抗的意味,从而使音画的配置产生更加丰富的表现层次,揭示更加深刻的内涵。总而言之,通过音画对位使画面所揭示的现实空间与音乐所揭示的人物心理空间形成强烈的对比。比如非常喜庆的婚礼场面上,音乐却充满了悲哀的情绪,以表现当事人对这场婚礼的不满、排斥。

（3）音画平行

音画平行是指画面中演绎的内容和音乐所表达的内容各自有相对独立性,二者成平行发展的关系。声音形象以自身独特的表现方式从整体上揭示影片的思想内容和人物的情绪状态,在听觉上为观众提供更多的联想和潜台词,从而扩大影片在单位时间的内容容量。在声音和画面的完美结合中,观众强烈地体会到音乐的情绪以及人物的内心世界。

剧情类微视频是有着丰富文化内涵的综合艺术和创新艺术，音乐音响在此发挥了重要的作用。画面与音响永远是不可分割的元素，并且音乐音响在以后影视发展的领域中会对其产生意想不到的效果。音响与画面的结合是否完美直接影响着作品质量的好坏。因此，音响既扩展了艺术的表现空间，又丰富了音乐艺术的存在样式，同时也拓展了影视艺术的声音元素。

三、剧情类微视频合成

随着数字合成技术的日益成熟和便捷，它对剧情类微视频制作产生了重要影响，并且扮演着越来越重要的角色。数字合成技术是指将多种源素材在计算机上通过相应软件混合成单一复合画面的处理过程。合成技术在剧情类微视频创作中主要包括数字影像与合成、计算机生成图像技术等。数字特效技术能够提高剧情类微视频的视觉效果，丰富影片的角色造型，拓展剧情类微视频的想象空间。随着计算机技术和数字技术的快速发展，数字特效技术被广泛应用于电影制作领域，并成为电影制作的重要手段。因而，在电影制作中，通过数字特效技术对电影的表现手法、制作方式和思想内容进行创新，可以提高影片的视觉效果与艺术魅力。

1. 字幕

字幕是影视作品中不可缺少的部分，字幕设置是在搭配好视频和音频的基础上进行的一项工作，主要起到解释作用。字幕主要分为静态字幕、游动字幕和滚动字幕。其中，静态字幕主要应用于剧情类微视频片头字幕制作和对白字幕制作；游动字幕主要分为向左游动和向右游动两种；滚动字幕主要在剧情类微视频结束时用于公布职员名单。

字幕一般采用非线性编辑软件进行制作与合成。为丰富字幕效果，既可以直接利用非线性编辑软件中的 Title 字幕设计器制作字幕，也可以使用图形处理软件 Photoshop 制作字幕，然后在非线性编辑软件中合成。两种方法结合起来可以制作出丰富多彩的字幕。

2. 调色

在剧情类微视频后期制作中，画面的光影与色彩一直是展现作者情感、作品意境，表达艺术创意的核心手段。制作者为了营造打动观众的视频画面氛围，在后期制作中越来越多地采用调色来创造适合的光影、色彩效果。剧情类微视频后期制作中的调色包括两个方面："校色"和"调色"。这两部分结合起来，组成调色的全部工作。

"校色"即校准颜色，它针对的是一小部分在前期拍摄中因意外而出现的色彩平衡或曝光有问题的素材。调色软件通过校正这部分素材的颜色，使拍摄的场景恢复本来的面貌。

"调色"是调色最主要的工作。首先是调节画面的明暗、对比度、饱和度，让观众看到的画面亮度合适、细节分布均衡。其次，针对画面的某个区域单独调节，比如影片中要将车的颜色由黑色变为银色，这时就可以利用调色软件的局部调色，先选取车的黑色部分，再经过调色让选中区域变成银色。"调色"还可以让分布于不同镜头的同一事物呈现一致的色彩。比如素材拍摄的时间跨度较长，同一场景中的不同镜头有可能在不同的时间、不同的光照、不同的气候条件下拍摄得到，当这些镜头放在一起播放时，个别镜头就会显得很突兀，与整体不一致，这时就可以通过"调色"来处理，让所有镜头看起来是在同一场景下拍摄的。除此以外，根据制作者的意愿或作品的需要，让画面呈现出有别于正常的特殊色彩也是调色的工作范围。

3. 数字特效

在剧情类微视频制作中，数字特效技术能够以虚拟现实的方法拓展电影的视觉空间，用现实主义手法和媒体技术创造历史场景和动作奇观，从而极大地丰富了电影的题材和内容。数字特效是指用计算机图形、图像、技术来实现的电影特效。数字特效技术包括数字影像、合成、计算机生成、图像技术等，涉及计算机三维动态、数字角色绘制、数字影像气氛渲染、虚拟仿真、数字合成技术等。

计算机生成图像技术是指以数字建模理论为基础，用计算机合成三维动画、静止图像等图像制作技术。生成图像技术能够创造出独立的、虚拟的三维空间，强化影片的视觉效果，提高电影画面的视觉冲击力。

数字影像处理技术是指用计算机分析图像，以达到所需效果的数字技术。在剧情类微视频制作中，数字影像处理是不可或缺的技术手段，通过数字影像处理技术可以调节电影画面的色彩、质感、形状等，制作出生动、逼真的电影画面，创造出符合影片和观众需要的视觉效果。

数字影像合成技术是指根据计算机图形图像学原理与方法，将不同电影元素整合为单一图像的处理过程。数字影像合成技术是对影像内容的进一步深化，主要包括计算机制作画面、拍摄与制作画面两方面。数字影像合成技术能够使电影内容更丰富、更细腻，提高电影画面的艺术感染力。比如，可以通过镜头处理实现连续动作的静止捕捉，将故事场景、声、光、色等结合起来，实现拍摄技术的创新，创造出独特的电影画面。有时，为了获得一些通过正常手段无法拍摄的镜头，可以让演员在纯蓝或纯绿的背景下进行表演，然后用 Affect Effect 软件中的 Keying 将所有的背景色抠除，形成前景蒙板形状，再合成到背景镜头之中。

四、常用的后期制作软件

后期制作软件具体可以分为平面软件、非线性编辑软件、合成软件和三维软件。目前比较常用的有 Final Cut Pro、Premiere 、After Effects 等，均为专业的影视编辑软件，能提供高性能的数字非线性剪辑和合成功能。

1. 平面软件

Photoshop 是美国 Adobe 公司旗下应用最为广泛的图像处理软件系列之一。Photoshop 主要处理以像素构成的数字图像，凭借其众多的编修与绘图工具，可以有效地进行图片编辑工作。Photoshop 有很多功能，涉及图像、图形、文字、视频等方面。

在剧情类微视频制作中，Photoshop 是合成软件和非线性剪辑软件的基础，主要用于字幕设计、宣传海报设计，以及剧情类微视频标识的设计。

2. 非线性编辑软件

（1）EDIUS

EDIUS 是日本 Canopus 公司出品的非线性编辑软件，它专为广播和后期制作环境而设计，特别适用于剧情类微视频制播和存储。EDIUS 拥有完善的基于文件工作流程，提供了实时、多轨道、多格式混编、合成、色键、字幕和时间线输出功能。除了标准的 EDIUS 系列格式外，它还支持 Infinity™ JPEG 2000、DVCPRO、P2、VariCam、Ikegami GigaFlash、MXF 、XDCAM 和 XDCAM EX 视频素材，同时支持所有 DV、HDV 摄像机和录像机。这些新性能支持更多格式，优化了工作流程，同时提高了速度和系统运行效率。EDIUS 可以使用任何视频标准，甚至能达到 1 080p50/60 或 4K 数字电影分辨率。同时，EDIUS 支持业界使用的所有主流编解码器的源码编辑，甚至当不同编码格式在时间线上混编时，都无须转码。另外，用户可以实时预览各种特效。

（2）Premiere

由 Adobe 公司推出的 Premiere 是一款编辑画面质量比较好的软件，有较好的兼容性，且可以与 Adobe 公司推出的其他软件相互协作。Premiere 是剧情类微视频制作中必不可少的视频编辑工具。它可以提升创作能力和创作自由度，是易学、高效、精确的视频剪辑软件。Premiere 提供了采集、剪辑、调色、美化音频、字幕添加、输出、DVD 刻录的一整套流程，并和其他 Adobe 软件高效集成，有效完成编辑、制作工作，满足创建高质量作品的要求。

（3）Final Cut Pro

Final Cut Pro 是苹果公司开发的专业视频非线性编辑软件，是集文件导入、组织媒体、编辑、效果添加以及最终渲染等一系列过程为一体的软件平台。Final Cut Pro 软件拥有较为简捷的操作界面，各项细节处理可以灵活进行。通过系统接入操作，便可以采集到高质量的音频、视频素材，并且还能对采集到的素材进行预览和标记。

3. 合成软件

After Effects 是 Adobe 公司推出的特效软件，可以在个人计算机上运行。它的主要应用范围是影视后期特效制作和合成，它拥有先进的图层技术，能和 Adobe 公司的其他产品实现格式兼容交互使用，利用与其他 Adobe 软件无与伦比的紧密集成和高度灵活的 2D、3D 合成，以及数百种预设的效果和动画，为剧情类微视频增添令人耳目一新的效果。

After Effects 与 Photoshop 具有良好的兼容性，可以对 PSD 多层的合成图像进行控制，制作出天衣无缝的合成效果；关键帧、路径的引入，使我们对控制高级的二维动画游刃有余；高效的视频处理系统，确保了高质量视频的输出。

After Effects 可以和 Premiere 配合使用，它是 Premiere 的自然延伸，主要用于将静止的图像推向视频、声音综合编辑的新境界。它集创建、编辑、模拟、合成动画、视频于一体，综合了影像、声音、视频的文件格式，在很大程度上丰富了剧情类微视频后期制作的方法和手段。

4. 三维软件

（1）Maya

Maya 是美国 Autodesk 公司出品的世界顶级的三维动画软件，应用对象是专业的影视广告、角色动画、电影特技等。Maya 功能完善，工作灵活，易学易用，制作效率极高，渲染真实感极强，属于高端制作软件。Maya 集成了 Alias、Wavefront 最先进的动画及数字效果技术。它不仅包括一般三维和视觉效果制作的功能，而且还与最先进的建模、数字化布料模拟、毛发渲染、运动匹配技术相结合。Maya 可以极大地提高制作效率和品质，调节出仿真的角色动画，渲染出电影一般的真实效果。Maya 主要应用于电影特效方面，在电影领域的应用日趋成熟。众多好莱坞大片都出自 Maya 之手，如 *X-MEN* 等。

（2）Cinema 4D

Cinema 4D 由德国 Maxon Computer 公司开发，在广告、电影、工业设计等方面应用广泛。以极高的运算速度和强大的渲染插件著称，很多模块的功能在同类软件中代表科技进步的成果，并且在用其描绘的各类电影中表现突出，因其日益成熟的技术受到越来越多的电影公司的重视。

与其他 3D 软件一样（如 Maya、3D Max 等），Cinema 4D 同样具备高端 3D 软件的所有功能。但 Cinema 4D 软件更加注重工作流程的流畅性、舒适性、合理性、易用性和高效性。因此，使用 Cinema 4D 会让创作设计者感到非常轻松愉快，在使用过程中更加得心应手，有更多的精力置于创作之中，即使是初学者，也会感觉到 Cinema 4D 的便捷性和可操作性。

5. 工作流程

剧情类微视频的后期制作主要以非线性编辑为主。非线性编辑是相对于传统的以时间顺序进行线性编辑而言的，突破单一的时间顺序编辑限制，可以按各种顺序排列，具有快捷简便、随机的特性。非线性编辑在剪切、复制和粘贴素材时无须在存储介质上对其重新安排视频编辑。从广义上讲，非线性编辑是指在编辑视频的同时，还能实现诸多处理效果，例如添加视觉特技、更改视觉效果等操作的视频编辑方式。以 EDIUS 为例，我们来了解非线性编辑的一般工作流程。

（1）新建工程

①新建工程

新建工程，设置选择视频的制式、画幅比和屏幕分辨率。如 Generic OHCI SD PAL（标清 PAL 制，720*576 50i 4：3，D1，DVD）。

②打开工程

打开工程时，经常出现"恢复离线素材"对话框，单击打开"素材恢复"对话框，确定丢失的素材名称，然后双击素材，在打开的对话框中进行寻找，找到之后双击素材即可。

如果已经打开工程，发现已经丢失的素材（画面是马赛克黑白条纹），可以直接双击，在打开的查找对话框中找到素材，双击素材即可。

（2）素材编辑

①素材浏览

在查看素材时，不仅可以瞬间开始播放，还可以使用不同的速度进行播放，或实现逐幅播放、反向播放等。

②编辑点定位

在确定编辑点时，既可以手动操作进行粗略定位，也可以使用时码精确定位编辑点。

③调整素材长度

非线性编辑可以随时调整素材长度，并可以通过时码标记实现精确编辑。此外，非线性编辑还吸取了电影剪接时简便直观的优点，允许参考视频编辑素材上的各种标记编辑点前后的画面，以便直接进行手动剪辑。

④素材的组接

在非线性编辑系统中，各段素材间的相互位置可随意调整。在剧情类微视频制作时可以在任何时候删除影片中的一个或多个片段，或向影片中的任意位置插入一段新的素材。

⑤素材的复制和重复使用

在非线性编辑系统中，由于用到的所有素材全都以数字格式进行存储，因此在复制素材时不会引起画面质量的下降。

⑥特效制作

在非线性编辑系统中制作特技时，通常可以在调整特技参数的同时观察特技对画面的影响。

（3）输出与生成

以上步骤编辑完成后，就可以输出生成最终的视频文件，发布到网上，或刻录VCD 或 DVD 等。

第六章　作品分析

1. *荷兰 Frame Order 工作室的动画 Golden Oldies*

该片由一首 20 世纪的爵士摇滚乐开始，两个男孩同时在餐厅里遇见了心仪的女孩，为了赢得芳心，他们"各显神通"但笑料百出。

图6-1　*Golden Oldies* 画面

本以为是描写 20 世纪 60 年代人们生活的歌舞片，但在点唱机电源断掉的那一刻，所有人瞬间"变老"，回归到本来的样子。

图6-2　*Golden Oldies* 现实画面

本片采用了绿幕抠图的模式，将真人与动画结合，最后以定格的形式呈现。谈谈情跳跳舞，那些无法在现实生活中重新燃起的激情，借由一首老歌的魅力，让从步入老年的人们回到了"黄金时代"中最美的样子。

2. 西班牙 Vivo 电信公司商业宣传微视频

在这部巴西情人节（6 月 12 日）作品中，西班牙 Vivo 电信公司就讲述了一个关于手机成瘾的故事。男主角无法得到女友的关注，因为她把心思都放在了手机上。

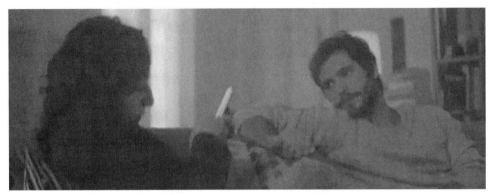

图 6-3　西班牙 Vivo 电信公司广告

于是，他导演了一出"消失的爱人"，并给她发了一系列照片，引导她在整个城市寻找自己的男朋友。

图 6-4　西班牙 Vivo 电信公司广告模拟《消失的爱人》场景

兜兜转转，蓦然回首，她终于在一家咖啡馆里找到了男朋友。

就在此时，导演设计了一个别出心裁的情节：男朋友把她的手机倒扣放在了桌子上。在旧时的行酒礼仪中，如果对方将酒杯倒扣，意思就是：我已经喝不下了，不再续杯；而在餐桌上倒扣手机，也表示了对他人的一种尊重。由此，片子阐述了一个事实：因为手机，你我明明近在咫尺，却好像隔着一条银河，我们往往一边嚷嚷着真的不想孤单一人，一边却做着把身边人推开的行为。

3.Comwell

影片用一组宝丽来照片，回顾了主角的一生。

图6-5 *Comwell* 作品画面

为了多看他两眼，她摔倒在草丛边。他扶起她，从此一生不松手。

图6-6 *Comwell* 作品画面

图6-7 *Comwell* 作品画面

通过各种相似性转场，这许多年的故事一一铺陈开来。而结尾的他们已成为老人，看着年轻男女重复着类似的相遇过程，一切似乎都不曾改变。

4. 丰田汽车广告片 *The World is One*

本片以"The World is One"为主题，讲述了身在日本、澳大利亚、南非以及未来世界的四个青年波折却极为相似的恋爱经历，以成长中关于爱情和友情的回忆为媒介，诉说着一种超越语言、不分国籍的共同情感——成长的疼痛。

图 6-8 *The World is One* 片中四个国家的相似场景

令人惊奇的是四个故事中的场景竟然出人意料地相似，拍摄前，制作团队在澳大利亚的悉尼及南非的开普敦寻找与日本国内相似的风景。

为了找到合适的拍摄场地和角度，短片的制作耗时达半年之久，所有场景都以秒为单位保持同步，拍摄手法可谓前所未有。

图 6-9 *The World is One* 片中四个国家的相似场景

本片的配乐由加拿大歌手 Tim McMorris（蒂姆·麦克莫里斯）亲自操刀，节奏轻快但令人回味。

5.*The Art of Breaking Bones*（《碎骨的艺术》）

本片由朱利安·马歇尔（Julian Marshall）导演，以印度拳击冠军Donald Tampubolon（唐纳德·塔姆博洛）真实事件为原型，事件亲历者Donald Tampubolon真人出镜。人们说他的事迹是一个传奇，但他说这只是人生经历而已。

图6-10　片中Donald Tampubolon训练的场面

Donald Tampubolon曾七次蝉联印度尼西亚马来拳国际锦标赛（Silat national champion）冠军，名声显赫，春风得意，但是一次突如其来的事故彻底改变了他的人生轨迹。

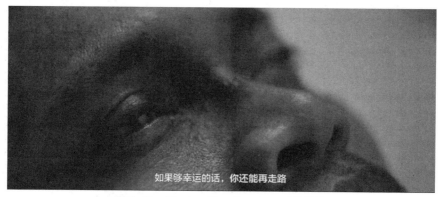

图6-11　*The Art of Breaking Bones* 中的画面

2004年他乔迁纽约，却因车祸落下终身残疾——下半身失去知觉，医生曾断言他的后半生将在轮椅上度过。但经过三个月的康复治疗，他的下半身逐渐恢复了意识。

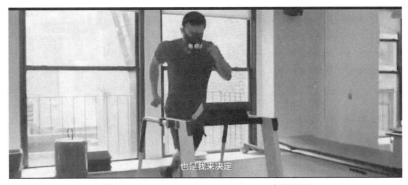

图 6-12 *The Art of Breaking Bones* 中的画面

Donald Tampubolon 用他破碎的骨头与命运抗争，不仅重新站了起来，而且重返赛场，仿佛只是经历了一次长假。

我们都曾经历过绝望的时刻，但这种时刻往往会使我们反观内心，重新审视自我的力量。那么，当我们感到绝望时，该如何寻求突破呢？

6. 泰国环保广告《失恋》

女孩失恋了，她背着大大的旅行背包回到家。打开热水器，坐在花洒下感受失恋的痛楚。她摆弄着两个手机，翻看和前男友之前的甜蜜瞬间，时刻刷着脸书，随时刷新前男友的最新动态。

图 6-13 广告画面 1

这广告戏份很足，到底在讲什么？一开头主人公使用的热水器、手机、笔记本电脑都是精心设计的桥段，把失恋后不必要的感情投入比作生活中的资源浪费。旧人心意已变，无论你再如何一厢情愿，也只是浪费感情。

ภาพ ภาพ ภาพ ที่มีแต่ภาพมันนี่แหละค่ะ
照片、照片、都是那个混蛋的照片

6-14 广告画面 2

7. 波兰 *I want to be like you*

此短片采用了胶片感的画面，欢快的伴奏很快把观众带入一个美妙的欧洲复古小镇。小女孩即将要参加学校的换装舞会，妈妈希望女儿能够特别一点，便绞尽脑汁设计各种类型的衣服，有宇航员、小怪兽、小蜜蜂、木乃伊，等等，可是总是得不到女儿的赞同。最后，女儿选择了一条简单大方的红色裙子。原来这是一场梦想换装舞会：你想成为谁，你就装扮成谁的样子。女儿很自信地给同学们展示自己的红裙子，她觉得这才是最美的换装，因为这是妈妈曾经最喜欢的衣服，她想成为像妈妈一样的人。

片中有一个特写镜头：小女孩如愿穿上红裙子之后，她牵着妈妈的手，半抬着头，脸上透露出心满意足的笑容，无不显示出小女孩对妈妈的爱意。

图 6-15　片中小女孩如愿以偿地穿上了妈妈最喜欢的红裙子

8.《人生的起跑线》

此片讲述了一位初出茅庐的男青年，为了把握住难得的面试机会，他担心迟到，朝着电梯飞奔而去。此时电梯前还有一个中年男人拿着咖啡准备上电梯，却被男青年捷足先登。上了电梯的男青年很认真地向站在电梯外的中年男人道了歉，随即按下关门按钮。

图 6-16　《人生的起跑线》中男青年因抢电梯给中年男人道歉的场景

镜头一转，到了面试间，男青年整理好自己的衣服紧张地坐下，等待着面试官看完简历后向他提问。而让人意想不到的是，随着简历慢慢下移，露出来的是电梯外那位中年男人的脸！此时带有戏剧性的音乐突然响起，男青年一脸尴尬。而面试官面带得意的微笑，身上还穿着那件被撒了一大片咖啡的白衬衫，对他说了一句："sorry！"

图 6-17　《人生的起跑线》中面试官的面部大特写

图 6-18 《人生的起跑线》中戏剧性的镜头展示了男青年面试的戏剧性

9. 美国保险机构 AIG 的广告片 *Active Care*

全世界最成功、拿过最多次橄榄球世界杯冠军的球队——ALL BLACKS（新西兰全黑橄榄球队）是新西兰的人民英雄，不但在赛场上展现着无与伦比的体育精神，充满了激情，而且在生活中也平易近人，没有任何架子。

图 6-19 *Active Care* 中展现世界杯冠军球队激情的画面

ALL BLACKS 这次来到了日本东京，人们都以为他们是来旅行的，结果没想到，这些膀大腰圆的英雄们，在东京大街上横冲直撞，并且将很多人扑倒在地，连女孩儿都不放过，还有一脸无辜的人偶。

图 6-20 *Active Care* 中，在日本东京的街道上，一个女孩正在低头玩手机

图 6-21 *Active Care* 中超级英雄拯救了玩手机的女孩

原来，这是美国保险机构 AIG 推出的广告。为了让大家防范生活中可能出现的危险，他们请来了 All Blacks 扮演东京的超级英雄，这些英雄们能预先发现危险，避免了车祸、高空坠物等危险事件的发生，拯救了市民们的生命。

第七章　电影节及比赛概述

一、国际大学生微电影盛典

这是由中国高校影视学会等单位共同举办、首都师范大学科德学院独家承办的国际大学生剧情类微视频盛典。它以大学生为主要群体，引导剧情类微视频健康发展，指导大学生开展剧情类微视频的创作，秉承 3C 精神①，盛典积极为大学生进行

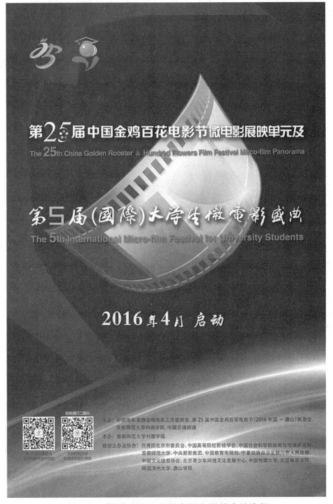

图 7-1　第五届国际大学生微电影节宣传海报

---

① 3C 精神是指：Confidence（自信）：新媒体时代的来临不仅意味着科技的进步，剧情类微视频、微博、微信、微文化的产生，同样代表着人们对于生活的自信与精致，国际大学生剧情类微视频盛典倡导自信的态度，带给参与人自信的力量；Creativity（创新）：大学生最大的优势是没有束缚的创新理念，国际大学生剧情类微视频盛典通过推动大学生开展剧情类微视频创作与实践，发掘青年人的创新思维与能力，通过不同形式的活动培养他们的专业素养，发现优秀的"草根"新锐导演，为他们创造脱颖而出的渠道，为整个电影行业输送新生的力量；Community（交流）：在交流中成长，在分享中进步，在交流中产生思维碰撞的火花。

剧情类微视频创作与实践搭建交流与展示的平台，促进国内高校从事微视频创作的相关人员之间的交流互动，还一直致力于推进国际化，着力国际大学间的交流与创作分享，让世界了解中国短片的发展水平，为世界选送优秀作品。盛典至今已举办五届，总体参赛作品数量也达到近 5 000 部，影响力日益增大。

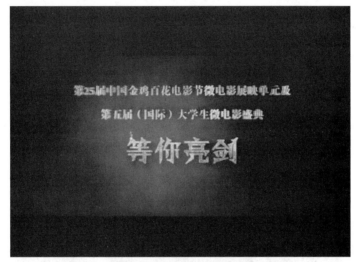

图 7-2　第五届国际大学生微电影节宣传视频截图

图 7-3　第四届国际大学生微电影盛典口号：新世代 新媒体 新生活

历届入围作品

2015【入围剧情】悍
齐虹

2015【入围剧情】我要追她
谭俊杰

2015【入围剧情】红娘
金川

2015【入围剧情】秋天的纽
丁敏

2015【入围剧情】心愿
杨淼伦

2015【入围剧情】阿尔法赛
张易

2015【入围剧情】模
赵奕铭

2015【入围剧情】有的人
沙漠

2015【入围剧情笔仙
金民河

图7-4 国际大学生微电影节举办以来部分入围作品

二、北京大学生电影节大学生原创影片大赛

北京大学生电影节创办于1993年，是经国家新闻出版广电总局、教育部和北京市政府批准，由北京师范大学主办，北京师范大学艺术与传媒学院承办，中央电视台电影频道节目中心、中国电影资料馆、中国教育电视台等协办的大型电影节。

大学生原创影片大赛是北京大学生电影的重要竞赛单元。它创办于2000年，旨在充分激发广大学子的创造力，集中展现"大学生拍"的魅力，是发掘、培养影视新秀的摇篮。至今，它已经成功举办十七届，广受海内外大学生及影视界关注，并成为华语地区创办历史最长、影响力最大的学生影像作品赛事之一。

图 7-5　《黑鱼》的导演沙漠获得第十四届大学生原创影片

大赛最佳网络剧情片导演，并与优酷出品签约

图 7-6　第十四届大学生原创影片大赛最佳网络纪录片《让爱发生》

第十四届大学生原创影片大赛最佳网络纪录片《让爱发生》讲述了几个感人的故事，男友患肝衰竭，相爱的女孩守护了七年；如今，男友病情不太乐观，女孩渴望与男友"蜗居"，"做第一个知道病情的家人"。对爱情的坚持，是现在很多人都缺少的东西。

三、中国国际微电影节

由中国文化产业发展研究中心、中国文化产业促进会、中央新影纪录电影基金等单位主办，中电安永等单位协办，北京钟山紫晶国际文化艺术发展有限公司承办的中国国际微电影节是目前国内开展最早、影响力最大、参与人群最多、辐射范围最广的针对微电影征集、创作、投资、传播的高端品牌活动之一。

中国国际微电影节为全球华人微电影爱好者搭建了一个前期创意创作、中期投资拍摄、后期展示传播的产业链式交互平台，截至目前，微电影节已经累计征集了作品 4 000 余部、剧本 5 000 多个，开展了全国巡演 100 多场次，聚拢了一大批微电影青年才俊，与 100 多位年轻导演及微电影工作室、50 余名年轻编剧达成了战略合作协议。借助各大主流媒体、新媒体和整合终端线下播放渠道（高校院线、微电影沙龙等），实现了微电影跨界传播，一站完成了品牌四大营销需求（精准传播 + 广度覆盖 + 深度传播 + 扩大影响力）。

　　中国国际微电影节坚持艺术服务大众的理念，坚持正确的舆论导向，紧扣国家文化发展脉搏，从 2010 年在国内率先提出创办国际微电影节设立金羽翼奖项开始，先后与腾讯、华谊、中国传媒大学、横店影视城展开深度合作，为广大微电影爱好者、制作机构的作品提供了展播平台。

　　在新形势下，中国国际微电影节积极探索走出去，与地方政府合作举办国际微电影节，扩大当地的知名度和影响力，建立微电影文化产业园，推动当地文化产业的发展，以更好地支持当地经济的发展，即政府搭台——举办国际微电影节，企业唱戏——广泛吸纳微电影产业人才。

图 7-7　2016 年举办的第六届中国国际微电影节颁奖典礼

图 7-8　第六届中国国际微电影节最佳外语片奖颁奖现场

四、中国微电影大典

2012 年，由中国电影家协会、中国电影制片人协会、中国电影著作权协会等单位联合主办了首届中国微电影大典。

中国微电影大典是中国首个国家级微电影盛事，由"微电影作品征集""微电影作品评选""表彰颁奖""优秀作品展播""微电影发展论坛"及"微电影主题活动"六大活动组成，在全国范围内开展。至今，包括我国港澳台地区及海外参选作品已突破万部，优秀作品已在全国多家电视台及互联网端进行展播。

图 7-9　中国微电影大典历届参赛精品作品（部分）

图 7-10　2016 年中国微电影大典宣传海报

五、滨海国际（微）电影节

滨海国际（微）电影节创办于 2012 年，每年一届，被称为"微电影奥斯卡"，属于国际 D 类电影节。

滨海国际（微）电影节的缩写为 BIMFF，谐音笔牧夫，滨海国际（微）电影节金像奖为笔牧夫金像奖。胶片缠绕上升形成 V 字，代表电影发展的新阶段——微电影的兴起。奖杯上升形态犹如少女的身体，活力无限，V 字让人联想到飞翔的海鸥，底座有海浪元素，就像海鸥飞翔在大海之上，象征着滨海以及滨海的腾飞。

图 7-11　微电影《香水有毒》摘得首届滨海国际微电影节金像奖

六、北京国际微电影节

北京国际微电影节由北京市委宣传部指导，中国高校文化创意产业联盟与腾讯视频联合国内多所知名院校于 2011 年发起，面向全球，每年举办一届。微电影节设立主竞赛单元"光年"奖、微电影剧本单元"金手指"奖。微电影"光年"奖是面向微电影领域的最专业、最权威的奖项。

北京国际微电影节积聚了一大批有梦想、有思想、想表达的年轻人，他们梦想用光影改变世界。电影是人类思想精华，多少年后，这些微电影也留在了光年岁月里，发着或耀眼、或微弱的光，形成了璀璨的星空。

北京国际微电影节是当前举办时间最早、参与国家（地区）最多、最具明星元素和商业化的国际化高端品牌活动。"光年奖"也是微电影（数字新媒体、纪录片、广告定制微电影）领域最具权威、含金量最高的奖项。为了体现本活动的公平公正及科学性，应广大参赛者要求，第四届微电影节奖针对视频短片（微电影）、数字视频长片、品牌定制三个主要方向进行分开评奖。

图 7-12　第六届北京国际微电影节光年盛典

图 7-13　第六届北京国际微电影节入围影片名单宣传图

图 7-14　影片《最美的弧线》荣获第六届北京国际微电影节最佳影片奖

七、西北国际微电影节

西北国际微电影节是为纪念西北电影公司第一部电影拍摄 80 周年而举办的，起拍地为山西阳泉（前身保晋矿）。1934 年，由阎锡山组建的西北电影制片厂正式成立；1935 年 11 月，西北电影公司拍摄了故事片《无限生涯》，这是山西第一部走出娘子关的电影。

从发端于山西平定州、轰动全国、震惊中外的保矿运动，到藏山故事的忠义之举，再到民国"四大才女"之一石评梅可歌可泣的爱情故事，晋商文化在历史上具有强大吸引力、凝聚力和创造力，这些珍贵的文化遗产和宝贵的精神财富都值得我们学习和纪念。

西北国际电影节的举办，就是想以电影节的传播，让外界更加关注山西这段古老的历史，更让我们记住父辈的努力和曾经创造的辉煌。

图 7-15　西北国际微电影节宣传片

八、金丹若国际微电影节

金丹若国际微电影艺术节旨在发掘新锐，传承人文精神，传播梦想正能量，打造一场国际影视人才汇聚的艺术盛典，它包含了公益、环保、教育、音乐等多个方向。

搭建微电影产业平台、连通国内外电影信息共享，大赛会把优秀作品推荐给具有国际影响力的平台，特别开辟了校园"金丹若（石榴）计划"，发掘大学生新锐，给他们提供与国际影人交流的机会。同时，电影节特辟大专院校单元（金丹若奖及种子计划）走入校院，丰富广大学生的课余文化生活，发掘新人新力量，提供一个让莘莘学子接触国际电影艺术的交流平台。

本电影节吸纳国际新鲜创意，整合西安影创资源，将西安创意产业带定位为"打造影视创新中心构建创意文化高地"。

图 7-16　第四届金若丹国际微电影艺术节海报

九、微明星（沈阳）国际微电影节

微明星（沈阳）国际微电影节，通过整合全媒体资源，力求打造全球权威性微电影赛事，推动微电影事业的健康、蓬勃发展，发掘优秀原创微电影人才和制作团队，为全世界微电影爱好者提供广阔的展示空间。

图 7-17　第三届金丹若国际微电影节最佳影片

电影节旨在推动东北文化发展，借助微电影这一新兴文化表现形式，将东北文化融入微电影中，为东北文化注入新的活力。以微明星（沈阳）国际微电影节为平台，加强东北文化与外界的交流与合作，展现东北文化的多样性与接纳能力。微明星网的创建将为东北地区新媒体的发展贡献一分力量，成为东北文化对外输出的一个重要窗口。

电影节于 2012 年 10 月 20 日在沈阳棋盘山风景区何氏美术馆举行开幕仪式，电影节特别邀请了文化界领导、电影人、影评人等担任专家评委。同时，借助微明星网这一国内最大的"草根"明星平台对外播放参展作品，进行网络投票。最终获奖作品导演及团队将获得由组委会颁发的丰厚奖金及证书，同时优秀影片可在法国、韩国、新加坡等国家展映，最佳影片及团队可在戛纳电影节期间受邀前往法国与国际电影人进行交流。

2013 年 3 月 26 日，为纪念中韩建交 20 周年，同时加强两国的文化交流，加深中韩人民感情，微明星（沈阳）国际微电影节携优秀参展影片应邀参加了在首尔 ARKO 美术馆举办的为期 5 天的交流展映活动。本次活动得到了中华人民共和国文化部、韩国文化艺术委员会、驻韩中国大使馆等中韩机构的联合支持。

图 7-18　2014 年微电影展作品之一《微笑的种子》是沈阳首部城市微视频

图 7-19　沈阳国际微电影节微电影参展作品《大提琴之恋》

十、中国城市微电影节

中国城市微电影系列活动由中国广播电影电视报刊协会、中国电影股份有限公司、中国电影资料馆等单位联合主办，全国100多家各级广播电视台及报刊单位协办。

为了顺应新媒体发展趋势，促进微电影行业健康有序发展，活动计划每年举办一届，由启动仪式、全国城市作品征集、城市微电影巡展、活动开幕式、卫视大型真人秀栏目、城市微电影优秀作品评选、活动闭幕式及颁奖典礼、优秀作品卫视展播等环节组成，首届活动在全国50多个城市举办，历时6个月。

活动邀请国内最知名的电影创作、学术、评论界权威人士组成导师团及评审团，挖掘、培养一批最具潜力的影视新锐导演和影视新星，邀请全国各级广播电视台及报刊单位在全国举办城市分赛区活动，进行微电影作品征集和评选工作并以城市为参赛单位，选送优秀作品参加全国总评选，共同打造最具权威性、最具影响力、最具人气、最具专业性、最具商业价值的微电影盛事。

图7-20 曾志伟担任中国城市微电影节宣传大使

图7-21 首届城市微电影节部分参赛作品

图 7-22　首届城市微电影节宣传片《聚焦微影像，见证中国梦》

后记
Epilogue

　　本教材以微视频创作知识为基础，以行业发展为导向，以实践应用为核心，同时融入创新意识，注重内容的精准性、实用性；从实践出发，引导学生初步认识微视频创作的环境和实践的基础。本教材介绍了微视频的不同类别的创作方法、案例以及赛事，使学生了解艺术的创作需要倾注更多思考和创新意识。

　　在本教材的撰写和材料收集工作中，朱竞娅老师、王锟老师、张楠老师、崔宏伟老师、刘娅老师均给予了巨大帮助，其中朱竞娅老师先后收集、撰写的内容超过9万字，在此特别表示感谢。

　　同时，由于时间仓促，搜集整理的资料不够完善，敬请读者批评指正。

张炜

2019.3

图书在版编目（CIP）数据

微视频创意与制作 / 张炜，朱竞娅著 . -- 北京：中国传媒大学出版社，2019.8（2021.6 重印）
ISBN 978-7-5657-2324-7

Ⅰ.①微… Ⅱ.①张… ②李… Ⅲ.①视频制作 Ⅳ.① TN948.4

中国版本图书馆 CIP 数据核字（2018）第 167424 号

广播电视专业"十三五"规划教材

微视频创意与制作
WEISHIPIN CHUANGYI YU ZHIZUO

著　者	张　炜　朱竞娅	
策划编辑	曾婧娴	
责任编辑	曾婧娴	
封面制作	泰博瑞国际文化传媒	
责任印制	阳金洲	

出版发行　中国传媒大学出版社

社　址	北京市朝阳区定福庄东街 1 号		邮　编	100024
电　话	86-10-65450528　65450532		传　真	65779405
网　址	http: // cucp. cuc. edu.cn			
经　销	全国新华书店			

印　刷	三河市东方印刷有限公司
开　本	787mm×1092mm　1/16
印　张	11.5
字　数	199 千字
版　次	2019 年 8 月第 1 版
印　次	2021 年 6 月第 6 次印刷
书　号	ISBN 978-7-5657-2324-7/TN · 2324　　　定　价　48.00 元

本社法律顾问：北京李伟斌律师事务所　郭建平